建筑工程安全风险控制与应急管理

仇模伟　卢长远　阴钰娇　编著

黄河水利出版社

·郑州·

内 容 提 要

本书针对建筑行业安全管理的重要性和挑战,提供了全面的理论分析与实践指导。书中深入讨论了建筑工程安全风险的识别、评估、控制和监测方法,强调了信息技术在提升安全管理效率中的作用。通过丰富的案例分析,展示了有效的风险控制策略和应急响应计划,旨在建立健全的安全文化,提高工作人员的安全意识。

本书不仅适合工程管理和安全管理专业人士阅读,也可为广大从事相关工作的技术人员提供实用的参考和指导,有助于推动建筑行业安全管理水平的提升和发展。

图书在版编目(CIP)数据

建筑工程安全风险控制与应急管理/仇模伟,卢长远,阴钰娇编著. --郑州:黄河水利出版社,2024.5
ISBN 978-7-5509-3883-0

Ⅰ.①建… Ⅱ.①仇…②卢…③阴… Ⅲ.①建筑工程-安全管理 Ⅳ.①TU714

中国国家版本馆 CIP 数据核字(2024)第 104558 号

组稿编辑:田丽萍　电话:0371-66025553　E-mail:912810592@qq.com

责任编辑	周 倩	责任校对	王单飞
封面设计	黄瑞宁	责任监制	常红昕

出版发行　黄河水利出版社
地址:河南省郑州市顺河路 49 号　邮政编码:450003
网址:www.yrcp.com　E-mail:hhslcbs@ 126. com
发行部电话:0371-66020550
承印单位　河南新华印刷集团有限公司
开　本　787 mm×1 092 mm　1/16
印　张　9
字　数　210 千字
版次印次　2024 年 5 月第 1 版　　2024 年 5 月第 1 次印刷
定　价　45.00 元

前　言

　　随着城市化进程和基础设施建设的快速发展,建筑工程安全管理面临着新的要求和挑战。城市化导致建筑项目密度增大、规模扩张,增加了施工环境的复杂性和安全风险。同时,基础设施的迅速扩展要求建筑项目在保证安全的前提下加快建设速度。这些因素都要求建筑工程采取更加科学、系统的安全风险控制和应急管理措施,以识别和评估潜在风险,实施有效的风险控制策略,并建立完善的应急管理体系。有效的安全风险控制与应急管理不仅能够保障建筑工人的生命安全,减少财产损失,同时是保证工程质量、提升行业形象和推动可持续发展的关键。因此,加强建筑工程安全风险控制与应急管理,对于适应当前建设领域的快速发展、满足社会对安全与质量的高标准要求具有重要意义。

　　当前建筑工程安全风险控制与应急管理领域的研究显示出几个主要问题。首先,安全风险识别工作不到位,许多项目在风险评估和预防措施上存在盲点,难以全面识别和预测潜在的安全隐患。其次,应急管理措施落后,一些建筑工程项目的应急响应计划未能及时更新,无法有效应对突发事件。此外,安全管理体系与现代化建筑工程的快速发展之间存在脱节,安全教育和培训不足,导致施工现场安全意识和安全文化的推广不够广泛。这些问题的存在严重影响了建筑工程的安全管理效率和效果,提高了工程建设过程中的风险,对人员安全和工程质量构成了威胁。因此,加强安全风险识别和优化应急管理措施是提升建筑工程安全管理水平的关键。

　　本书的研究旨在提出适用的安全风险控制策略和优化应急管理流程,以应对建筑工程领域中存在的各种安全挑战。通过深入分析现有安全管理体系的不足,提倡采用更加科学和系统的方法来识别、评估和控制安全风险,同时,强调建立和完善应急管理机制的重要性。这些研究对于提高建筑工程安全管理水平、保障施工人员安全、减少财产损失及促进建筑工程项目顺利完成具有重要意义。通过实施这些研究提出的策略和流程,可以有效提升建筑工程项目在应对突发事件时的响应速度和处理能力,从而保障工程建设的安全和效率。

　　本书综合性地阐述了建筑工程在现代化快速发展过程中面临的安全风险和应急管理挑战。首先从建筑工程安全风险的基本概念入手,详细讲解了安全风险的识别、评估与控制方法,并强调了系统化风险管理的重要性。随后,深入探讨了建筑工程应急管理的原则、流程与策略,包括应急预案的编制、实施以及应急响应的组织与执行。此外,本书还着重讨论了如何将安全风险控制与应急管理有效整合,以提高建筑工程项目在面临突发事件时的响应能力和恢复力。通过引入案例分析法,本书将理论与实践相结合,展示了在不同情况下如何有效地应对安全风险和应急情况,强调了安全管理体系在保障工程安全、保护人员生命财产安全中的核心作用。同时,探讨了建立健全的安全文化、提高员工安全意识和技能培训的重要性,指出这是提高整个行业安全管理水平的基础。最后,本书着眼于未来,讨论了信息技术在安全风险控制与应急管理中的应用,如智能化监控系统、数据分析等先进技术的引入,并阐述了这些技术如何帮助提升安全风险评估的准确性和应急管理的效率。全书旨在为建筑工程领域的专业人员提供一套全面、系统的安全风险控制与应急管理的理论和实践指导,以应对日益复杂的工程安全挑战,保障建筑工程的顺利进行和人员的安全。

本书为建筑工程领域提供了一套完整的安全风险控制与应急管理的理论框架和实践指南。通过系统总结安全风险识别、评估和控制的方法,并深入探讨应急管理的策略和流程,特别强调了两者的有效整合,以提高项目的安全管理能力和应对突发事件的效率。此外,引入了最新的信息技术和数据分析手段,为现代化的安全风险控制与应急管理提供了新的视角和工具。未来的研究方向建议深入探索信息技术在安全风险控制与应急管理中的应用,发展更为高效的风险评估模型和应急响应机制。同时,加强对建筑工程安全文化和教育培训的研究,提高从业人员的安全意识和应急处理能力。跨学科研究也将是未来的一个重要方向,以完善安全风险控制和应急管理的理论和实践,适应建筑工程不断发展的需求。

本书由黄河交通学院仇模伟、卢长远、阴钰娇编著。仇模伟负责全书统稿,并编写第 1 章、第 9 章至第 11 章(共计 7.7 万字),卢长远编写第 2 章至第 5 章(共计 6.8 万字),阴钰娇编写第 6 章至第 8 章(共计 6.5 万字)。

感谢本书引用与参考的文献作者和案例企业,他们的研究成果与实践经验为本书提供了宝贵的支持与参考! 此外,也深深地感谢家人与朋友们在背后默默的支持与鼓励,是你们的支持让我们能够全身心投入到这个项目中。

感谢所有读者的关注与支持,希望本书能够给您带来启发与帮助,能够帮助您全面理解建筑工程安全风险控制与应急管理的重要性和实践方法。期望读者能够将书中的理论知识与实际工作相结合,提高自身在安全管理和应急响应方面的专业能力,持续关注安全管理领域的最新发展,不断学习和实践,以应对建筑工程中不断变化的安全风险和挑战。

由于作者水平有限,书中存在的不妥之处,敬请读者朋友批评指正。

作 者

2023 年 12 月

目　录

第 1 章 绪 论

1.1 研究背景与意义

建筑工地的复杂性源于其多元化的作业环境和活动。如 Hughes 和 Ferrett(2016)所述,高空作业是建筑工地上最危险的活动之一,坠落事故常常导致重伤或死亡。这要求实行严格的安全措施和员工培训,以确保作业人员的安全。

机械设备的不当操作会显著增加工人受伤的风险和设备损坏的可能性,进而影响项目进度。Kim 等(2013)提到,操作者的视野限制、反应速度、注意力和深度感知的限制也是导致不当操作的原因。因此,对操作人员进行适当的培训和监督至关重要,以确保安全和效率。

施工材料的不当使用也是一个重要的安全问题。Stranks(2007)提到,化学物质的不安全处理或存储可能引发火灾、爆炸或有毒气体泄漏等严重事故。因此,对材料的存储和使用需要严格的管理和监控。

建立包括风险评估、安全培训、事故预防策略和应急响应计划在内的有效安全管理体系对预防事故和减少人员及财产损失至关重要。Leveson(2004)研究强调了系统理论在设计安全策略中的应用,而曹忠红(2022)的研究展示了安全管理体系在实际操作中的有效性。

新兴技术,如穿戴式安全设备和实时监控系统,通过提供宝贵的信息及减少事故和职业病,显著提高了建筑工地的安全监控效率。Okonkwo 等(2022)强调,穿戴式物联网(WIoT)设备能够识别工人的实时位置、体温、心率、压力水平和呼吸频率,从而提高安全和健康管理的效率。这些技术不仅提高了安全监控的效率,还及时提醒工人和管理人员采取应对措施。

建筑工地的安全管理需要综合考虑技术、管理和人员培训等多个方面。通过持续的风险评估、安全培训、技术创新和有效的应急响应,可以显著提高建筑工地的安全水平,保障工人的生命安全,同时确保项目的顺利进行。因此,深入研究建筑工程安全风险控制与应急管理显得尤为重要。通过科学的理论研究和实践探讨,可以有效降低事故发生的概率,最大程度地保障工程建设的安全进行,为城市的可持续发展提供有力的支持。

在建筑工程领域,安全风险管理是一个关键议题,它直接关系到工程质量、工人安全以及项目的经济效益。本书研究的目的是全面了解建筑工程安全风险的来源和特征,深入探讨识别、评估和控制这些风险的方法和策略,并研究应急管理在建筑工程中的实际应用。

首先,建筑工程安全风险的来源多种多样,包括但不限于工地环境风险、设备故障、人为失误和管理缺陷。例如,Hughes 和 Ferrett(2016)指出,工地环境的不确定性和复杂性是导致安全风险的重要因素。此外,工人的技能水平、安全意识以及项目管理的有效性也是影响安全风险的关键因素。

其次,识别和评估安全风险是进行有效管理的前提。这包括使用各种工具和技术来识别潜在的危险点,并对这些风险进行量化评估。例如,Pillay 等(2003)指出使用风险矩阵、故障模式及影响分析(FMEA)等工具可以帮助项目管理者更好地理解和量化风险。

控制安全风险涉及一系列的策略和措施,包括但不限于安全培训、安全规程的制定和执行,以及安全设备的使用。例如,邓中华(2023)指出安全培训可以显著提高工人的安全意识和应对紧急情况的能力。

最后,应急管理在建筑工程中的应用是一个重要的研究领域。有效的应急管理计划可以减少事故发生时的损失和影响。这包括制定应急响应程序、进行定期的演习,以及确保所有员工都了解应急程序。

综上所述,通过深入研究建筑工程安全风险的来源、特征以及管理方法,本书旨在为建筑工程的安全发展提供科学的理论指导,并为相关从业人员提供实用的管理手段。这不仅有助于提高工程质量和工人安全,也是实现城市建设可持续性和安全性的关键。

1.2 研究内容

1.2.1 建筑工程安全风险识别与评估

在这一部分,我们将探讨建筑工程中安全风险的识别和评估方法,为后续的风险控制提供科学依据。

(1)案例分析。通过分析真实的建筑工程事故案例,可以更好地理解安全风险的具体表现和成因。例如,Rowlinson 等(2004)指出,因高空作业不当导致的坠落事故揭示了安全措施不足和监管松懈的问题。这类案例分析有助于识别潜在的风险点,为风险管理提供实践经验。

(2)实地调研。实地调研是收集安全风险数据的重要手段。如 Lingard 等(2001)和 Rowlinson(2004)所述,通过走访建筑工地,可以直接观察到安全管理的实际情况,如工人的安全意识、现场安全措施的实施情况等,为评估模型提供了实践基础。

(3)模型构建与评估。基于文献综述、案例分析和实地调研,可以构建建筑工程安全风险评估模型。如 Xia 等(2018)和 Hou 等(2021)的研究表明,通过结合贝叶斯网络和人因分析分类系统(HFACS)构建的建筑工程安全风险评估模型,能够系统地识别和预测安全风险,为提高工程项目的安全管理效率提供了理论和实证基础。

1.2.2 建筑工程安全风险控制策略

在这一部分,我们将提出建筑工程中的安全风险控制策略,以技术手段、管理方法等多方面的途径综合防范和控制安全风险。

在建筑工程安全风险控制策略方面,结合专业文献和具体案例,可以深入探讨有效的方法和策略。

　　(1)技术手段。新技术的应用在提高建筑工程安全性方面发挥着重要作用。如Fargnoli 和 Lombardi(2020)所述,建筑信息模型(BIM)的应用显著提高了建筑工程的作业安全,通过动态可视化和反馈机制,促进了安全培训和教育,增强了安全氛围和韧性。此外,张社荣等(2023)指出,穿戴式技术为个性化安全监测提供了实时数据,有效改善了安全性能管理。

　　(2)管理方法。科学的管理体系是提升建筑工程安全水平的关键。Hughes 和 Ferrett(2016)强调,人员培训和安全文化建设是安全管理的重要组成部分。通过定期的安全培训,可以提高工人的安全意识和操作技能。同时,建立积极的安全文化有助于促进员工之间的沟通和协作,从而提高整体的安全水平。

　　通过这些技术手段和管理方法,可以更有效地控制建筑工程中的安全风险,为建筑工程的安全风险控制提供系统性的理论支持和实际指导。

1.3　研究方法与框架

　　为了更全面地探讨建筑工程安全风险控制与应急管理,本书将采用多种研究方法,并建立一个系统的研究框架,具体如下。

1.3.1　文献综述

　　在进行建筑工程安全领域的文献综述时,我们的目标是全面审视该领域的前沿研究,以获取理论支持并为后续研究提供基础知识。这一过程涉及对国际和国内相关学术论文、专著和研究报告的系统梳理,以及对现有研究方法、成果和不足之处的分析。

　　(1)系统梳理学术论文和专著。例如,Zhou 等(2013)通过文献综述,识别了五个研究空白,强调了进一步研究和发展有效措施的必要性。Nnaji 和 Karakhan(2020)也指出,尽管技术在改善建筑安全性能方面显示出潜力,但在持续使用中遇到了显著的阻力。此外,Golizadeh 等(2018)通过系统性回顾,将数字工程的潜力与建筑事故原因直接联系起来,揭示了当前数字工程文献中关于安全的研究空白和被忽视的研究领域。

　　(2)分析研究方法和成果。王双荣(2011)研究得出,建筑业竞争激烈、利润微薄,需要有效管理与精细化操作,提出"三中心、两体系"模式,强调关键管理要点与问题解决措施,以及项目管控中的注意事项和解决方案,推动管理升级和信息化应用。近年来,多项研究已经开始探索这些领域,尤其是职业健康与安全(OHS)风险管理在建筑行业中的应用。例如,Sousa 等(2014)提出了一种基于风险的职业安全健康管理方法,强调了在建筑项目中量化 OHS 风险的必要性。Ilbahar 等(2018)通过使用毕达哥拉斯模糊层次分析法(AHP)和模糊推理系统,为职业健康与安全领域的风险评估提出了一种新颖的综合方法。此外,Lingard 和 Holmes(2001)的研究探讨了小型建筑企业中 OHS 风险控制的理解,揭示了技术控制措施采用的组织障碍。

　　(3)识别研究不足之处。Jin 等(2019)指出,建筑安全研究已扩展到发展中国家和地区,其中 BIM 和数据挖掘等主题获得了最高的平均标准化引用。

　　通过这样的文献综述,我们不仅能够获得关于建筑工程安全的全面理论知识,还能够识别研究领域中的空白和未来的研究方向。例如,深入理解建筑工人不安全行为的个体因素关系、探索数字工程在减少建筑事故中的潜力,以及利用混合方法研究更好地整合理论和实践。

1.3.2　案例分析

在建筑工程安全领域进行案例分析是理解和防止未来事故的关键步骤。通过选取一系列真实的建筑工程事故案例,可以深入分析事故的根本原因和教训。

(1)选择代表性案例。选择涉及不同施工阶段和类型的代表性建筑工程事故案例至关重要。因为这有助于理解事故的机制,捕捉事故网络的复杂性,并改进安全管理。例如,Zhou 等(2014)通过使用网络理论探索地铁建筑事故网络(subway construction accident network,SCAN)的复杂性,指出了选择代表性案例的重要性,以促进安全管理的提升。

(2)深入分析事故原因。对每个案例进行深入分析,包括事故发生的环境、具体原因和事后处理。如 Toole(2002)对一起高空坠落事故进行了详细分析,指出了安全措施不足和监管松懈的问题。

(3)挖掘教训和改进措施。通过案例分析,我们可以挖掘事故的教训,并提出改进措施。Lingard 和 Rowlinson(2004)通过分析事故案例,强调了项目管理在提高工地安全性方面的作用。

通过这些案例分析,我们不仅能够了解事故发生的具体情况,还能够从中学习并应用于未来的安全管理实践中,以减少类似事故的发生。

1.3.3　实地调研

实地调研是理解和改进建筑工地安全管理的重要环节。通过走访不同类型的建筑工地,可以直接观察和分析实际施工现场的安全问题,为研究提供实质性的支持。

(1)选择多样化的建筑工地。选择不同规模和性质的建筑工地进行调研至关重要。如 Lingard 和 Rowlinson(2004)提到,不同类型的工地面临的安全挑战和管理需求可能有所不同,包括住宅建筑、商业综合体在内的多样化选择可以提供更全面的视角。

(2)实地走访和观察。通过实地走访和观察,可以直接了解工地的安全管理现状。如 Loosemore 和 Andonakis(2007)指出,实地观察有助于识别安全管理中的实际障碍和挑战。

(3)访谈和收集管理经验。与工地管理人员和工人进行访谈,可以收集到一手的安全管理经验和存在的问题。如 Teo 和 Ling(2006)通过访谈收集了关于安全管理系统有效性的数据。

通过这些实地调研步骤,我们可以收集到关于建筑工地安全管理的实际情况和具有挑战的宝贵信息,为后续的研究和改进提供坚实的基础。

1.3.4　模型构建与评估

构建建筑工程安全风险评估模型是一个关键步骤,旨在量化分析不同风险因素对工程的影响。这一过程涉及综合应用文献综述、案例分析和实地调研的结果,并运用统计学和数学建模方法。

(1)建立综合评估模型。基于文献综述、案例分析和实地调研的结果,可以建立一个全面的建筑工程安全风险评估模型。如 Rowlinson 等(2004)提到,一个有效的评估模型应包括风险识别、风险分析和风险控制等多个方面。

(2)运用统计学和数学建模方法。通过统计学和数学建模方法,可以量化各种安全因素对工程安全的影响程度。例如,Guo 等(2016)开发了一个综合模型,使用结构方程模型(SEM)来量化各种安全因素对建筑安全的影响。这种方法有助于更好地理解和预测建筑工地上的安全行为。

(3)模型的应用和验证。在实际工程中应用和验证建立的模型对于确认其有效性和实用性至关重要。例如,Tsai 和 Huang(2020)在其研究中指出,将构建的模型应用于实际建筑项目有助于验证其在估计团队效率和观察社交网络方面对项目管理影响的定量能力。

通过这些步骤,我们可以构建一个能够有效评估和管理建筑工程安全风险的模型,为降低事故发生率和提高工程安全性提供科学依据。

本章概述了建筑工程安全风险研究背景与意义、评估方法与指标体系、管理流程与策略以及案例分析。通过这些内容,读者可以全面了解建筑工程安全风险,并学习如何识别、评估和管理这些风险,以确保工程的安全性和可持续发展。

第 2 章　建筑工程安全风险概述

2.1　建筑工程安全风险定义与分类

2.1.1　建筑工程安全风险定义

在定义建筑工程安全风险时,我们考虑的是那些在建筑工程项目中可能导致人员伤亡、财产损失或环境破坏的不确定事件或潜在因素。这一定义涵盖了对人员、财产和环境的潜在威胁。

(1)人员安全风险。如 Hughes 和 Ferrett(2016)所述,人员安全风险涉及施工过程中可能导致工人伤亡或健康受损的各种因素,包括高空作业、机械设备操作等。

(2)财产损失风险。财产损失风险在建筑工程中是一个重要的考虑因素,涉及可能导致财产损坏或经济损失的多种因素。例如,Ahn 等(2020)通过分析桥梁建设中第三方损害的财务损失记录,识别了与损害和损失相关的风险指标,强调了在桥梁建设管理中识别代表性案例的重要性,以促进安全管理的提升。

(3)环境破坏风险。施工活动对环境造成的负面影响,包括水污染、废物管理、视觉/美观损害等,已成为公众关注的主要问题。Shen 和 Tam(2002)指出,环境风险管理的实施直接有助于环境保护,但涉及为实践各种环境管理方法(如噪声控制、污水处理、废物回收和再利用等)分配各种资源,这可能限制了这些方法的实施。此外,张国胜(2023)指出,传统建筑施工忽视环境保护,导致资源浪费和污染。现代社会要求建筑环保,绿色施工管理应运而生。

(4)潜在风险因素。建筑工程项目中的潜在风险因素包括意外事故、材料质量问题、设计缺陷和自然灾害等。这些风险因素可能会导致项目延期、成本增加或质量下降。例如,Tah 和 Carr(2000)提出了一种基于模糊逻辑的风险评估方法,旨在提高建筑项目风险管理的效率和有效性。此外,Husin 等(2019)研究了劳动力、材料和设备因素对建筑项目质量的影响,强调了这些资源因素在实现建筑项目质量目标中的重要性。Winge 等(2019)通过分析建筑事故的因果关系,识别了频繁出现的因果因素,如工人行为、风险管理和即时监督,这些因素对建筑项目的安全性能有显著影响。

2.1.2　建筑工程安全风险分类

2.1.2.1　技术风险

技术风险在建筑工程项目中占据着重要地位,涉及设计、施工工艺、材料选择等多个技术层面的因素。

(1)设计缺陷引起的风险。设计阶段的技术风险主要源于结构设计不合理或材料使用不当。例如,Zou、Kiviniemi 和 Jones(2017)通过综述 BIM(建筑信息模型)及相关数字技术在风险管理中的应用,展示了 BIM 技术不仅能作为项目开发过程中的系统性风险管理工具,还能支持其他基于 BIM 的工具进行更深入的风险分析。此外,温国锋(2011)通过构建建筑工程项目风险管理成熟度模型,建立了分阶段循环式持续改进项目风险管理能力的机制,采用多学科融合的方法,重点从项目风险分析的数据模型和集成化项目风险评价模型着手开展研究工作。

(2)施工工艺不当引起的风险。施工阶段的技术风险包括施工工艺不规范和质量控制不严格。Hughes 和 Ferrett(2016)强调,不规范的施工工艺可能导致结构缺陷,增加事故发生的可能性。

(3)材料选择不当的风险。材料选择不当在建筑工程中可能导致增加项目成本、质量风险、安全风险以及环境可持续性风险。例如,程彦昆等(2023)提出,在建筑结构设计中,有些设计人员没有充分考虑建筑物的使用环境和功能需求,从而选择了不恰当的建筑材料。例如,在暴露于自然环境中的建筑物,如桥梁、码头等,如果采用了普通钢材作为主要材料,很容易受到腐蚀和生锈的影响,导致结构的安全性和耐久性降低。此外,阚逸轩(2023)讨论了如果材料选择不当,使用了性能较低的材料,就会引发严重的工程质量问题。通过有效的材料检测,可以对材料的性能进行判定,从根本上消除工程风险。

(4)技术风险的影响。技术风险的发生不仅影响建筑结构的安全性,还可能导致工程延期和成本增加。Adam 等(2015)探讨了大型公共建设项目中成本超支和时间延误的影响,强调了成本超支和时间延误对项目可持续性的影响,以及管理、技术、经济、法律、财务、资源、建设和商业风险的管理解决方案。

技术风险的识别和管理是建筑工程安全管理的关键组成部分。通过对设计、施工和材料选择等方面的严格控制,可以显著降低技术风险,确保建筑工程的安全性和可靠性。

2.1.2.2　自然风险

自然风险在建筑工程安全管理中占有重要地位,特别是在易受自然灾害影响的地区。这些风险包括地震、台风、洪水等自然灾害,它们可能对建筑物造成严重损害。

(1)地震引起的风险。地震是导致建筑物结构倒塌的主要自然灾害之一。Shokrabadi 和 Burton(2018)指出,地震导致建筑物倒塌的原因包括增加的地震震后风险和结构承载能力的降低。

(2)台风和洪水引起的风险。台风和洪水可能导致建筑物的水浸和结构损坏。Li、Ahuja 和 Padgett(2012)强调,多重灾害,如地震、海啸、滑坡、热带风暴、沿海淹没和洪水,都可能对建筑物造成损害和破坏,需要综合的结构设计和建造实践。

(3)自然灾害的影响。自然灾害对建筑工程的影响不仅限于直接的物理损害,还包括对施工进度和成本的影响。如王雷明(2016)指出,建筑物的倒塌破坏是地震灾害中最主要的形式。在历次大地震中,建筑物的倒塌不仅造成生命财产的严重损失,而且震后沿街建筑物的倒塌产生的瓦砾堆积亦会造成交通阻塞。

自然风险的识别和管理对于确保建筑工程的安全性至关重要。通过考虑自然灾害的潜在影响并采取相应的预防措施,可以降低自然灾害对建筑工程的负面影响。

2.1.2.3　人为风险

人为风险在建筑工程项目中占有重要地位,涉及由人的疏忽、操作错误、盗窃等因素引起的风险。这些风险可能导致事故发生或财产损失。

(1)操作错误和疏忽引起的风险。操作错误和疏忽是建筑工地上常见的人为风险源,可能导致性能不佳和代价高昂的后果。例如,Tah 和 Carr(2000)指出,操作错误和疏忽可能导致时间、成本、质量和安全性能指标的下降。

(2)盗窃行为引起的风险。建筑工地上的盗窃行为也是一个重要的人为风险因素。如 Loosemore 和 Andonakis(2007)提到,工地上的盗窃不仅导致财产损失,还可能影响施工进度和安全。

(3)安全措施的实施。实施适当的安全措施是控制建筑工地上人为风险的关键。例如,Al-Kasasbeh 等(2022)通过使用贝叶斯网络模型,研究了建筑人员对安全措施遵守程度的影响,旨在预测建筑工地无重大或频繁事故的可能性,强调了系统和协同执行安全规定的重要性。

人为风险的管理需要综合考虑培训、监督、安全文化建设和实施有效的安全措施。通过这些措施,可以显著降低建筑工程中的人为风险,确保项目的顺利进行和工作人员的安全。

2.1.2.4　管理风险

管理风险在建筑工程项目中占有重要地位,涉及项目管理不善、监督不力、合同违约等管理层面的因素。

(1)项目管理不善引起的风险。项目管理不善是导致建筑工程风险的主要因素之一。如 Walker(2015)指出,项目进度控制不力可能导致工期延误,进而影响整个项目的成本和质量。

(2)监督不力的风险。监督不力可能导致安全标准和质量控制的忽视。如 Lingard 和 Rowlinson(2004)提到,有效的监督对于确保施工现场的安全和工程质量至关重要。

(3)合同违约的风险。合同违约可能导致供应链中断和合作方之间的纠纷。例如,DuHadway 和 Carnovale(2018)指出,供应链中的故意中断,如欺诈、产品欺诈和合同/信任违约,可能导致关系破裂和特殊的风险类型。

(4)管理风险的影响。管理风险的发生可能导致项目延期、成本超支和质量问题,从而对建筑工程的安全性和可持续性产生不利影响。如 Toole(2002)指出,良好的管理是确保项目按时、按预算和按质量完成的关键。

管理风险的识别和控制对于建筑工程的成功至关重要。通过加强项目管理、监督和合同履行,可以有效降低管理风险,确保项目的顺利进行和成功完成。

2.1.2.5　环境风险

环境风险在建筑工程项目中是一个重要的考虑因素,涉及工程活动对周围环境的影响,如噪声、污染等。

(1)施工活动产生的环境影响。建筑工程施工活动可能产生噪声、扬尘、废物和化学污染等,这些都可能对周围环境和居民健康造成影响。如陈松(2018)讨论了建筑工程施工过程中对资源和环境的影响,特别是建筑垃圾的管理问题。

（2）环境保护措施。为减少对环境的不良影响，采取相应的环境保护措施是必要的。例如，Yan 等（2018）指出，环境保护措施对城市聚居区开发和保护至关重要。

（3）环境风险的长期影响。环境风险的长期影响包括生态系统的破坏和居民健康问题。例如，吉贵祥等（2020）综述了二恶英对人体健康的危害特性，以及我国生活垃圾焚烧厂二恶英排放浓度水平及其对周边环境和人群健康的影响。

环境风险的识别和管理对确保建筑工程的可持续性和社会责任至关重要。通过实施有效的环境保护措施，可以减少建筑工程对环境的不良影响，保护自然环境和居民健康。

通过以上的分类方法，我们可以更全面地了解建筑工程安全风险的不同类型和特点。这些分类方法为后续章节中的风险评估和管理提供了基础。在实际项目中，应该综合考虑这些不同类型的风险，并采取相应的措施来降低风险的发生概率和影响程度。

2.2　建筑工程安全风险评估方法与指标体系

2.2.1　建筑工程安全风险评估方法

在本节中，将详细介绍建筑工程安全风险评估的方法。建筑工程安全风险评估是指对建筑工程项目中可能发生的安全风险进行识别、分析和评估的过程。以下是一些常用的建筑工程安全风险评估方法。

2.2.1.1　定性评估方法

定性评估方法在建筑工程安全风险管理中扮演着重要角色，主要依赖于专家的判断和经验。在这种方法中，专家根据其经验和知识对建筑工程项目中可能存在的安全风险进行评估，通常使用描述性的词语或等级来表示风险的程度。定性评估方法的步骤包括风险识别、风险分析和风险评估。通过专家的主观判断和经验，可以对风险进行初步的识别和评估。

1. 风险识别

风险识别是定性评估过程中的第一步，专家团队通过这一步骤识别项目中可能存在的各种风险。例如，Maytorena 等（2007）的研究表明，项目经理在识别项目风险时，经验的作用可能不如普遍认为的那么重要，而信息搜索、教育水平和风险管理培训在风险识别性能中扮演着重要角色。

2 风险分析

在风险分析阶段，专家根据其经验和知识对识别出的风险进行深入分析。如 Hillson（2003）指出，风险分析包括评估风险的可能性和影响，以及风险之间的相互作用。

3. 风险评估

在风险评估阶段，通常使用描述性的词语或等级来表示风险的程度。如 Kerzner（2017）提到，定性评估方法侧重于对风险的主观评价，如将风险分类为"高""中"或"低"。

4. 专家判断的作用

专家判断在定性评估方法中起着决定性作用。如 Chapman 和 Ward（2003）强调，专家的经验和直觉对于识别和评估风险至关重要。

定性评估方法是一种有效的工具，可以帮助项目管理团队对建筑工程中的安全风险进行初步的识别和评估。虽然这种方法依赖于主观判断，但它为风险管理提供了重要的见解和方向。

2.2.1.2 定量评估方法

定量评估方法在建筑工程安全风险管理中提供了一种基于数据和数学模型的客观评估手段。在这种方法中，通过收集和分析相关数据，使用数学模型和统计方法对建筑工程项目中的安全风险进行量化评估。常用的定量评估方法包括风险矩阵法、事件树分析法、故障模式与影响分析法等。这些方法可以通过量化风险指标来衡量风险的程度，提供更具客观性的评估结果。

1. 风险矩阵法

风险矩阵法是一种常用的定量评估工具，它通过确定风险发生的概率和影响程度来评估风险。如 Hillson(2003)所述，风险矩阵法提供了一种简单而直观的方式来量化风险。

2. 事件树分析法

事件树分析法是一种用于系统安全分析的方法，它通过构建事件的逻辑树来评估不同事件导致的风险。如 Modarres(2006)指出，事件树分析法可以用来评估复杂系统中的风险路径。

3. 故障模式与影响分析法(FMEA)

FMEA 是一种系统的风险评估工具，用于识别产品或使用过程中的潜在故障模式及其对系统性能的影响。Stamatis(2003)强调了 FMEA 在提高产品和过程可靠性中的作用。

4. 量化风险指标

定量评估方法通过量化风险指标来衡量风险的程度。如 Kerzner(2017)提到，这些方法提供了一种通过数据和统计分析来客观评估风险的方式。

定量评估方法通过使用数学模型和统计方法，为建筑工程项目中的安全风险管理提供了客观、量化的评估结果。这些方法有助于更准确地识别和评估风险，从而为风险管理决策提供支持。

2.2.1.3 综合评估方法

综合评估方法在建筑工程安全风险管理中结合了定性评估和定量评估的优势，提供了一种更全面和准确的评估方式。在这种方法中，通过综合考虑专家判断和数据分析的结果，对建筑工程项目中的安全风险进行综合评估。综合评估方法的步骤包括建立评估指标体系、收集数据、分析数据、综合评估和风险优化控制。这种方法能够充分利用定性和定量评估的优势，提供更全面和准确的评估结果。

（1）建立评估指标体系。综合评估方法首先需要建立一个全面的评估指标体系。如 Kerzner(2017)所述，这个体系应包括风险的可能性、影响、检测难度等多个维度。

（2）收集数据。数据收集是综合评估方法的重要部分。如 Modarres(2006)指出，收集的数据应包括历史数据、现场观察数据和专家意见等。

（3）分析数据。数据分析涉及使用统计方法和数学模型来处理收集到的数据。如

Hillson(2003)提到,数据分析有助于识别风险模式和趋势。

(4)综合评估。综合评估阶段将定性评估的专家判断和定量评估的数据分析结果相结合。如 Chapman 和 Ward(2003)强调,这种综合方法能够提供更全面的风险评估。

(5)风险优化控制。综合评估方法还包括对风险进行优化控制。如 Stamatis(2003)所述,通过综合评估可以确定哪些风险需要优先控制和缓解。

综上所述,综合评估方法通过结合定性和定量评估的优势,为建筑工程项目中的安全风险管理提供了一种全面、系统的评估框架。这种方法有助于更准确地识别和评估风险,从而为风险管理决策提供更有效的支持。

2.2.2　建筑工程安全风险评估指标体系

建筑工程安全风险评估指标体系是用于衡量和评估建筑工程项目中安全风险的一组指标。这些指标可以根据不同的风险来源和风险类型进行分类。

2.2.2.1　技术指标

技术指标在评估建筑工程安全风险中扮演着关键角色,它们涉及设计、施工和材料等多个方面的技术因素。例如,结构设计的合理性、施工工艺的规范性、材料的质量等都是评估技术风险的重要指标。通过评估技术指标,可以了解项目在设计和施工过程中的技术风险情况。

1. 结构设计的合理性

结构设计的合理性是评估技术风险的重要指标之一。如 Choudhry 和 Fang 等(2008)指出,结构设计的不合理可能导致建筑物的结构不稳定,增加安全风险。

2. 施工工艺的规范性

施工工艺的规范性对建筑工程的安全性有直接影响。Hughes 和 Ferrett(2016)强调,规范的施工工艺可以减少施工过程中的安全事故。

3. 材料的质量

材料的质量和技术指标的评估对于了解项目在设计和施工过程中的技术风险至关重要。例如,Zeng 等(2007)指出,材料质量和技术指标的评估有助于理解设计和施工过程中的技术风险。

4. 技术指标的评估

通过评估这些技术指标,可以了解项目在设计和施工过程中的技术风险情况。张为为(2020)引入工程担保机制,结合多方视角和技术指标评估,建立了全面的工程项目风险管理模式。采用随机森林评估模型,实现对工程项目风险的精准评估和分析,为项目决策提供科学依据。

技术指标的评估对于理解和管理建筑工程中的安全风险至关重要。通过对结构设计的合理性、施工工艺的规范性和材料的质量进行综合评估,可以有效地识别和控制技术风险,确保工程的安全性和可靠性。

2.2.2.2　环境指标

环境指标是评估建筑工程安全风险的重要指标之一,涉及建筑工程对周围环境的影响和环境保护措施的执行情况。例如,建筑工程可能产生的噪声、振动、扬尘等对周围环境和居民健康的影响是评估环境风险的重要指标。通过评估环境指标,可以了解项目对环境的影响和环境风险的程度。

环境指标在评估建筑工程安全风险中起着至关重要的作用,特别是在考虑工程对周围环境的影响和环境保护措施的执行情况时。

1. 建筑工程的环境影响

建筑工程对环境的影响,包括噪声、振动、扬尘等,是评估环境风险的重要指标。例如,JaiSai 等(2022)指出,房地产项目会产生扬尘、社会干扰、噪声污染和能源使用,可能导致建筑工人健康问题。

2. 环境保护措施的执行情况

环境保护措施的有效执行对于减少建筑工程对环境的影响至关重要。如 Rowlinson 等(2004)指出,采取适当的控制措施,如噪声隔离、尘埃控制和废物管理,可以显著降低环境风险。

3. 环境风险的评估

通过评估环境指标,可以了解项目对环境的影响和环境风险的程度。如 Kerzner (2017)强调,对环境影响的评估应包括对潜在影响的识别和量化。

环境指标的评估对于理解和管理建筑工程中的环境风险至关重要。通过对建筑工程可能产生的环境影响和环境保护措施的执行情况进行综合评估,可以有效地识别和控制环境风险,确保工程的环境可持续性。

2.2.2.3 经济指标

经济指标是评估建筑工程安全风险的关键指标之一,涉及项目成本、项目进度、资金使用等方面。例如,项目成本超支、资金筹集和使用的问题都是评估经济风险的重要指标。通过评估经济指标,可以了解项目的经济风险情况和可行性。

经济指标在评估建筑工程安全风险中扮演着关键角色,特别是在考虑项目成本、项目进度及资金筹集和使用等方面。

1. 项目成本超支的风险

项目成本超支是建筑工程中常见的经济风险。如文惠意(2021)探讨了建设阶段面临的潜在风险因素,指出委托方往往无法有效控制项目成本,常出现成本超支的问题。

2. 项目进度延误的风险

项目进度的延误也是一个重要的经济风险因素。如 Kerzner(2017)提到,进度延误可能导致成本增加和合同罚款,从而对项目的经济效益产生负面影响。

3. 资金筹集和使用的问题

资金的筹集和使用问题对项目的成功至关重要。例如,于超(2020)以 TXGS 项目为例,分析了策划、设计、采购和施工阶段成本管理中存在的问题,其中资金的筹集和使用是关键因素。

4. 经济风险的评估

通过评估经济指标,可以了解项目的经济风险情况和可行性。如 Chapman 和 Ward (2003)强调,对项目成本、进度和资金使用的综合评估有助于识别和管理经济风险。

经济指标的评估对于理解和管理建筑工程中的经济风险至关重要。通过对项目成本、进度和资金使用等方面进行全面的评估,可以有效地识别和控制经济风险,确保项目的经济可持续性和成功完成。

2.2.2.4　社会指标

社会指标是评估建筑工程安全风险的重要指标之一,涉及对员工和社会公众的影响、社会责任履行情况等方面。例如,建筑工程可能对周边居民的生活造成的影响、社会责任的履行情况都是评估社会风险的重要指标。通过评估社会指标,可以了解项目对社会的影响和社会风险的程度。

社会指标在评估建筑工程安全风险中非常重要,它们涉及对员工、社会公众的影响以及社会责任的履行情况。

1. 对员工和社会公众的影响

建筑工程对周边社区和居民的生活可能产生显著影响。如 Rowlinson 等(2004)指出,建筑活动可能导致噪声污染、交通拥堵等问题,影响周边居民的日常生活。

2. 社会责任的履行情况

建筑项目对社会责任的履行是一个重要的社会指标。例如,Jones 等(2006)指出,建筑项目的社会责任履行涉及环境、健康与安全、人力资源、供应链管理、客户和社区,以及治理和伦理等方面。

3. 社会风险的评估

通过评估社会指标,可以了解项目对社会的影响和社会风险的程度。如 Kerzner (2017)提到,社会风险评估有助于确保项目的社会接受度和合规性。

4. 社会指标的重要性

社会指标的评估对于识别和管理建筑项目中的社会风险、确保项目的可持续性和社会责任至关重要。例如,Yuan 等(2018)通过社会网络分析(SNA)方法,开发了一种改进的社会风险分析理论和方法,以从网络视角分析高密度城市区域建设项目中的社会风险及其相互作用。

社会指标的评估对于理解和管理建筑工程中的社会风险至关重要。通过对项目对员工和社会公众的影响以及社会责任履行情况的全面评估,可以有效地识别和控制社会风险,确保项目的社会可持续性和成功完成。

综上所述,通过建立综合的建筑工程安全风险评估指标体系,可以更全面地评估建筑工程项目中的安全风险,并采取相应的措施来降低风险的发生概率和影响程度。这将有助于确保建筑工程项目的安全性和可持续发展。

2.3　建筑工程安全风险管理流程与策略

2.3.1　建筑工程安全风险管理流程

建筑工程安全风险管理流程包括以下几个阶段。

2.3.1.1　风险识别阶段

在风险识别阶段,建筑工程项目的安全风险管理过程涉及收集项目相关信息、识别潜在风险源以及对风险进行归类和分析。

（1）收集项目相关信息。收集建筑工程项目的设计文件、施工计划、环境评估报告等相关信息是风险识别的第一步。如 Kerzner(2017)指出,这些信息有助于对项目的全面了解,有助于识别潜在的风险点。

（2）识别潜在风险源。通过专家讨论、经验总结和现场勘察等方式识别可能存在的安全风险源。如 Hillson(2003)提到,利用专家的知识和经验是识别风险的有效方法。

（3）归类和分析风险。将识别的风险进行归类,并进行初步的风险分析,确定风险的可能性和影响程度。Chapman 和 Ward(2003)强调了对风险进行系统分类和分析的重要性,以便更有效地管理和控制这些风险。

这一阶段的目标是建立一个全面的风险清单,为后续的风险评估和管理提供基础。通过这些步骤,项目团队可以更好地理解和准备应对建筑工程项目中可能遇到的各种风险。

2.3.1.2　风险评估阶段

在风险评估阶段,建筑工程项目的安全风险管理过程包括定性评估和定量评估两个关键步骤。

1. 定性评估

定性评估方法依赖于专家判断和经验分析,用于对风险进行主观评估。如 Hillson(2003)所述,定性评估方法通过专家团队的讨论和经验分享,确定风险的优先级和重要性。这种方法有助于识别哪些风险需要优先关注。

2. 定量评估

定量评估方法则使用如风险矩阵法、事件树分析法等工具,对风险进行量化评估。如 Modarres(2006)指出,定量评估方法通过计算风险的概率和影响值,提供了对风险影响的更精确估计。这有助于更客观地理解风险的潜在影响。

这两种评估方法相结合,可以为建筑工程项目的风险管理提供全面的视角。定性评估有助于理解风险的性质和背景,而定量评估则提供了对风险影响的具体度量。通过这种综合方法,项目团队可以更有效地识别、评估和优先处理项目中的关键风险。

2.3.1.3　风险控制阶段

在风险控制阶段,建筑工程项目的安全风险管理过程涉及制定控制策略、实施控制措施以及监测和追踪风险。

（1）制定控制策略。根据风险评估的结果,制定相应的控制策略是关键。如 Kerzner(2017)所述,控制策略应包括风险预防、减轻和应急响应措施,以确保风险被有效管理。

（2）实施控制措施。实施控制措施包括改进设计、加强施工管理、提供培训等。如 Hughes 和 Ferrett(2016)指出,通过实施这些措施,可以降低风险发生的概率和影响。

（3）监测和追踪风险。定期监测风险控制效果,并根据需要及时调整和改进控制措施,是确保风险得到有效控制的重要环节。如 Hillson(2003)强调,持续的监测和追踪有助于识别新的风险和评估现有控制措施的有效性。

这一阶段的目标是确保通过有效的策略和措施,将风险降至可接受的水平。通过这些步骤,项目团队可以确保风险得到持续的管理和控制,从而提高建筑工程项目的整体安全性和成功率。

2.3.1.4　风险沟通和参与阶段

在风险沟通和参与阶段,建筑工程项目的安全风险管理过程强调了与所有相关方的有效沟通和合作。

(1)沟通和报告。将风险评估和控制结果进行沟通和报告至关重要。如 Kerzner (2017)所述,有效的沟通可以确保所有相关方都了解风险情况和控制措施的执行情况,从而提高风险管理的透明度和效率。

(2)参与和合作。促进所有相关方的参与和合作对于共同管理和控制安全风险至关重要。如 Hughes 和 Ferrett(2016)指出,建立安全文化、加强培训和提高意识是促进参与和合作的关键措施。这有助于确保所有相关方都对风险有充分的认识,并积极参与风险管理过程。

(3)共同管理风险。通过共同的努力,可以更有效地管理和控制安全风险。如 Hillson(2003)强调,共同管理风险不仅提高了风险管理的效果,还增强了团队之间的协作和信任。

风险沟通和参与阶段是建筑工程安全风险管理的关键部分。通过有效的沟通、报告和合作,可以确保风险管理过程的透明度和参与度,从而提高整个项目的安全性和成功率。

2.3.2　建筑工程安全风险管理策略

建筑工程安全风险管理需要制定相应的策略和措施来降低风险的发生概率和影响程度。以下是一些常用的建筑工程安全风险管理策略。

2.3.2.1　风险预防策略

风险预防策略在建筑工程项目中,旨在通过多种措施减少潜在的安全隐患,如下所述:

(1)优化设计。在设计阶段考虑安全因素是预防风险的关键。例如,Horberry (2014)在高危行业中更好地整合安全设计中人因考虑的需求,特别是通过采用基于任务的方法来协助设计过程的好处。

(2)强化施工管理。建立科学的施工组织和管理体系对于确保施工过程中的安全至关重要。Hughes 和 Ferrett(2016)强调了加强施工现场安全监督和控制的重要性。通过有效的管理和监督,可以减少施工过程中的安全事故。

(3)加强培训和教育。提供必要的安全培训和教育有助于提高从业人员的安全意识和技能。如 Heravi 等(2011)提到,这种教育和培训是建筑项目风险预防的关键因素。

通过优化设计、强化施工管理以及加强培训和教育,可以有效地预防建筑工程中的安全风险。这些策略有助于建立一个更安全的工作环境,减少事故发生的概率,从而保障工程的顺利进行和工作人员的安全。

2.3.2.2　风险减轻策略

风险减轻策略在建筑工程项目中是减少安全风险和防止事故发生的关键措施,如下所述:

（1）使用安全设备。例如，Nath 等（2020）展示了 3 种基于深度学习（DL）模型的实时个人防护装备（PPE）合规性验证方法，这些方法能够实时从图像、视频中验证工人是否正确佩戴安全帽和穿背心。这些模型在现实世界设置中表现出色，能够实时检测，适合在轻量级移动设备上运行，为监控安全合规性和推进建筑自动化研究提供支持。

（2）强化质量管理。确保施工材料和构件的质量符合要求有助于减少安全风险。Hughes 和 Ferrett（2016）强调，材料质量问题是导致结构失败和安全事故的常见原因。通过强化质量管理，可以减少这类风险的发生。

（3）加强监测和检查。建立健全的监测和检查机制能够及时发现和处理潜在的安全隐患。如 Kerzner（2017）提到，定期的安全检查和风险评估有助于及时识别风险并采取预防措施，防止事故的发生。

通过使用安全设备、强化质量管理以及加强监测和检查，可以有效地减轻建筑工程中的安全风险。这些策略有助于创建一个更安全的工作环境，减少事故发生的可能性，从而保障工程的顺利进行和工作人员的安全。

2.3.2.3 应急响应策略

应急响应策略在建筑工程项目中是处理突发事件和事故的关键环节，包括制定应急预案、加强应急培训和建立应急通信机制。

（1）制定应急预案。在建筑项目中制定应急预案有助于制定员工紧急行动计划、指定疏散程序和分配逃生路线。此外，应急预案有助于识别严重危害、选择情景、建立避难所和制定适当的响应策略。

（2）加强应急培训。加强应急培训有助于最小化事故并为建筑商节省时间和金钱。此外，应急培训有助于减少事故和提高安全性。

（3）建立应急通信机制。在建筑项目中建立应急通信机制有助于确保员工和访客的安全。有效的应急通信机制对于及时、准确和有效地处理事故和事件也非常重要。

制定应急预案、加强应急培训和建立应急通信机制是建筑工程项目中处理突发事件和事故的关键环节，有助于减少事故损害、提高应对重大事故的预防和应急管理能力。

2.3.2.4 持续改进策略

（1）学习和总结经验。Zhang 和 Fang（2013）指出，通过持续的行为安全策略，如监督基础干预周期（supervisory-based intervation cycle，SBIC）和行为安全跟踪分析系统（behavior-based safety tracking analysis system，BBSTAS），可以在建筑行业中实现持续的安全改进。

（2）制定绩效指标。Ghodrati、Yiu 和 Wilkinson（2018）指出，实施劳动管理、监督和领导、规划和建筑管理策略可以提高建筑项目的安全绩效。

（3）强化监督和检查。Dulaimi 和 Chin（2009）强调，通过实现高层管理的承诺、选择更注重安全的分包商和拥有合格、专业的劳动力，可以提升建筑工地的安全文化。

通过学习和总结经验、制定绩效指标以及加强监督和检查，可以不断提高安全管理的效果，确保工程项目的顺利进行和安全。

2.4　建筑工程安全风险案例分析

2.4.1　案例一:高层建筑施工事故

2.4.1.1　事故概述

该高层建筑施工事故发生于 2022 年 5 月 1 日,地点位于某城市的市中心。事故原因是起重吊装操作不当,导致一台大型吊车失控,与建筑物发生碰撞,造成严重的人员伤亡和财产损失。

2.4.1.2　风险识别

在该事故中,存在多个安全风险源:

(1)高空作业。施工过程中需要进行高空作业,如钢筋安装、混凝土浇筑等,存在坠落、物体打击等风险。

(2)起重吊装。大型吊车在施工现场进行起重作业,操作不当可能导致失控、倾覆等危险情况。

(3)施工材料质量。低质量的施工材料可能导致结构不稳定、强度不足等安全隐患。

2.4.1.3　风险评估

针对上述风险源,进行定性和定量评估,分析可能性和影响程度。例如,高空作业风险的可能性较高,影响程度严重,属于高风险;起重吊装风险的可能性较低,但影响程度较大,属于中风险;施工材料质量风险的可能性和影响程度均较低,属于低风险。

2.4.1.4　风险控制

为降低高层建筑施工事故风险,应采取以下控制策略:

(1)加强高空作业安全管理。制定严格的高空作业操作规程,确保工人佩戴安全帽、安全带等个人防护装备,并设置安全网、防护栏等安全设施。

(2)加强起重吊装监控。专人负责吊装作业的监控和指挥,确保吊车操作人员持证上岗,使用符合标准的吊装设备,并进行定期检查和维护。

(3)严格控制施工材料质量。建立健全的质量管理体系,加强对施工材料的采购和验收,确保材料符合相关标准和规范。

2.4.1.5　效果评估

在控制措施实施后,对事故发生前后的差异进行评估。例如,通过比较事故前后的高空作业事故发生率、起重吊装操作失误率和施工材料质量问题数量等指标,评估控制措施的效果。同时,根据评估结果,进行改进措施的制定,进一步提升施工安全管理水平。

该高层建筑施工事故的案例提醒我们,在建筑工程中要高度重视安全风险管理。通过风险识别、评估、控制和效果评估,可以有效降低事故发生的可能性和影响程度,保障工人和建筑物的安全。

2.4.2　案例二:地下施工事故

2.4.2.1　事故概述

该地下施工事故发生于 2023 年 3 月 15 日,地点位于某城市的地铁施工工地。事故原因是地下隧道开挖过程中发生了地质突变,导致隧道坍塌,造成工人被困和重伤的情况。

2.4.2.2　风险识别

在该事故中,存在多个安全风险源:

(1)地下空气质量。地下施工环境通常存在氧气不足、有毒气体积聚等问题,对工人的健康和安全构成威胁。

(2)地质情况。地下地质情况复杂多变,可能存在地层不稳定、岩层裂隙等问题,容易引发地质灾害。

(3)施工设备。使用的挖掘机械、支护设备等施工设备存在操作不当、设备故障等风险。

2.4.2.3　风险评估

针对上述风险源,可采用定性和定量评估方法,对事故中的风险进行评估。例如,地下空气质量风险的可能性较高,影响程度较大,属于高风险;地质情况风险的可能性较低,但影响程度较大,属于中风险;施工设备风险的可能性和影响程度均较低,属于低风险。

2.4.2.4　风险控制

为降低地下施工事故的风险,应采取以下控制策略:

(1)加强地下空气监测。在施工现场设置空气质量监测设备,定期监测氧气含量、有毒气体浓度等,确保工人在安全的环境下工作。

(2)合理选择施工工艺。根据地质勘察数据,制定合理的开挖方案和支护方案,采取适当的支护措施,确保隧道的稳定和安全。

(3)确保施工设备安全。对挖掘机械、支护设备等施工设备进行定期检查和维护,确保其正常运行和安全可靠,同时加强操作人员的培训和管理。

2.4.2.5　效果评估

在控制措施实施后,评估事故发生前后的差异。比如,比较事故前后的地下空气质量监测数据、地质灾害发生率以及施工设备故障率等指标,评估控制措施的实施效果。根据评估结果,进行改进措施的制定,进一步提升地下施工的安全性和可靠性。

该地下施工事故的案例提醒我们,在地下施工中必须高度重视安全风险管理。通过风险识别、评估、控制和效果评估,可以有效降低事故发生的可能性和影响程度,保障工人和施工工地的安全。

2.4.3　案例三:建筑物火灾事故

2.4.3.1　事故概述

该建筑物火灾事故发生于 2023 年 7 月 10 日,地点位于某城市的一座商业大厦。事故起因是电气线路短路引发火灾,火势迅速蔓延,造成大楼内部多个楼层起火,严重威胁了人员的生命安全和建筑物的结构稳定。

2.4.3.2　风险识别

在该事故中,存在多个安全风险源。首先,电气设备是火灾发生的主要原因之一。电气线路老化、维护不当等问题可能导致短路、过载等电气故障,引发火灾。其次,防火材料的质量和安装也是一个重要的风险源。建筑物内部使用的防火材料可能存在质量问题或未按照规范安装,无法有效阻止火势蔓延。此外,疏散通道的设置不合理、通道被堵塞等情况可能阻碍人员的迅速疏散,增加逃生风险。

2.4.3.3　风险评估

针对上述风险源,可采用定性和定量评估方法,对事故中的风险进行评估。根据历史数据和专家经验,可以评估电气设备风险的可能性和影响程度。例如,电气设备风险的可能性较低,但影响程度较大,属于中风险。对于防火材料风险和疏散通道风险,可以根据建筑物的结构和设计,评估其可能性和影响程度。防火材料风险的可能性较低,影响程度较小,属于低风险;而疏散通道风险的可能性较高,影响程度严重,属于高风险。

2.4.3.4　风险控制

为降低建筑物火灾事故的风险,应采取以下控制策略。首先,加强电气设备维护是关键控制措施之一。定期对电气线路进行巡检和维护,确保线路的安全可靠,及时更换老化的设备,避免电气故障引发火灾。其次,使用符合标准的防火材料是阻止火势蔓延的重要措施。在建筑物内部使用符合防火标准的材料,确保其具备良好的防火性能,有效阻止火势蔓延。此外,确保疏散通道畅通也是关键控制措施之一。合理设置疏散通道,保证通道宽度和数量符合规范要求,并定期清理和维护通道,防止堵塞通道和阻碍人员疏散。

2.4.3.5　效果评估

在控制措施实施后,评估事故发生前后的差异是必要的。通过比较事故前后的电气设备故障率、防火材料质量问题数量以及疏散通道畅通程度等指标,可以评估控制措施的实施效果。如果电气设备故障率下降、防火材料质量问题减少、疏散通道畅通度提高,说明控制措施取得了良好的效果。根据评估结果,可以进一步制定改进措施,提升建筑物火灾安全管理水平。

该建筑物火灾事故的案例提醒我们,在建筑物的设计、施工和使用过程中,必须高度重视火灾风险管理。通过风险识别、评估、控制和效果评估,可以有效降低火灾事故发生的可能性和影响程度,保障人员的生命安全和建筑物的完整性。建筑物的所有者、管理者和相关工作人员应该密切配合,共同落实火灾安全措施,确保建筑物的火灾风险得到有效控制。

第3章　建筑工程安全风险识别与评估

3.1　建筑工程安全风险识别方法与工具

3.1.1　风险识别方法

在建筑工程中,为了准确识别安全风险,需要采用多种方法和工具。以下是几种常用的风险识别方法。

3.1.1.1　审查文献和统计数据

通过审查相关文献和统计数据,可以了解建筑工程领域的常见安全风险。这些文献和数据包括历史事故报告、行业标准、规范要求、研究论文等。通过分析和总结这些信息,可以识别出一些常见的安全风险源和可能的事故类型,如下所述:

(1)高空坠落风险。Ardeshir 等（2016）指出,高空坠落是建筑项目中最显著的风险之一,因素包括忽视安全、缺乏个人防护装备和不充分的培训。

(2)混凝土模板施工的高风险活动。Hallowell 和 Gambatese（2009）提到,混凝土模板施工中的高风险活动包括涂抹模板油、提升和降低模板组件以及从起重机接收材料。

(3)建筑行业的固有风险性。Sousa 等（2014）指出,建筑行业的高事故率与建筑活动的固有风险性和建筑项目组织的特征密切相关。

(4)设计相关的建筑事故。Hossain 等（2018）指出,许多建筑事故与设计有关,而且可以通过适当的设计考虑来避免。

通过审查相关文献和统计数据,可以识别出一些常见的安全风险源和可能的事故类型,从而为风险管理提供重要的参考。

3.1.1.2　专家咨询和访谈

专家咨询和访谈是一种常用的风险识别方法。通过与建筑工程领域的专家进行交流,可以获取他们的经验和见解,了解他们在实践中遇到的安全风险。专家的知识和经验可以帮助人们识别出潜在的风险源和可能的事故场景,如下所述:

(1)专家评估转化为直觉模糊集。可以将专家评估信息转化为直觉模糊集,并使用标准权重和相似性度量来识别建筑工程中的风险。

(2)专家系统处理建筑风险分析。例如,王要武等（2002）研究了建设项目风险分析专家系统的框架,探讨了如何利用专家系统技术来分析和管理建设项目中的风险。此外,Zhang 等（2016）提出了一个创新的方法,将建筑信息模型（BIM）和专家系统集成,以解决传统安全风险识别过程中的不足。他们开发了基于 BIM 的风险识别专家系统（B-RIES）,该系统由三个主要子系统组成:BIM 提取、知识库管理和风险识别子系统。

(3)准专家访谈识别建筑工人风险承担倾向。Low 等（2018）通过准专家访谈识别了影响建筑工人风险承担倾向的 7 个因素。

（4）加权函数和基于场景的访谈。Farooq 等（2018）指出，加权函数和基于场景的访谈可以更好地量化建筑风险评估中的认知错误，从而实现资源的现实和有效分配。

通过与专家进行交流和访谈，可以获取宝贵的经验和见解，从而更准确地识别和评估建筑项目中的潜在风险。

3.1.1.3　现场调查和观察

进行现场调查和观察是一种直接了解建筑工程安全状况的方法。通过实地走访建筑工地或已建成的建筑物，观察施工过程中存在的安全隐患、设备使用情况、工人操作行为等，可以发现一些潜在的安全风险，如下所述：

（1）现场调查识别时间和成本相关风险。Yuliana 等（2017）使用现场调查和观察方法识别了建筑工程中的 6 种时间相关风险和 5 种成本相关风险。

（2）电阻率层析成像（ERT）调查识别建筑工地的岩溶特征。Yassin 等（2013）指出，ERT 调查可以有效识别建筑工地中的岩溶特征，包括天坑，从而减少建筑风险。

（3）观察方法在地质工程风险管理中的应用。Masurier 等（2006）指出，观察方法是地质工程中管理一系列建筑项目风险的通用方法，依赖于实时信息和数据可视化。

通过实地走访和观察，可以直接了解建筑工程的安全状况，发现潜在的安全风险，从而为风险管理提供重要的参考。

3.1.1.4　风险矩阵分析

风险矩阵分析是一种定量的风险识别方法，常用于对建筑工程中的各项风险进行评估。该方法将风险的可能性和影响程度作为评估指标，通过交叉分析得出风险等级。可能性和影响程度可以通过统计数据、专家意见或历史事故数据进行量化，如下所述：

（1）风险矩阵方法识别和评估建筑项目风险。Youli 等（2018）指出，风险矩阵方法有助于通过将危险源分类为物理故障、人为错误、环境因素和管理缺陷来识别和评估建筑项目中的风险。

（2）风险矩阵分析框架。Duan 等（2016）提出了一个基于潜在风险影响的风险矩阵分析框架，成功地管理了风险水平的不一致性，是风险管理的可行和合理工具。

（3）风险矩阵和风险图表。Goerlandt 和 Reniers（2016）指出，风险矩阵和风险图表是分析、评估和可视化各行业风险的广泛使用工具，但它们对不确定性的表示有限。

（4）风险矩阵在工程项目中的应用。常虹等（2007）在工程项目风险管理中引入了风险矩阵方法。考虑到工程项目全寿命周期、风险类别等因素，提出了风险矩阵的构建和应用策略。

通过使用风险矩阵分析，可以更准确地识别和评估建筑项目中的潜在风险，从而为风险管理提供重要的参考。

3.1.1.5　故障树分析

故障树分析是一种系统性的风险识别方法，用于分析事故发生的逻辑关系和潜在的失效路径。该方法通过构建故障树模型，将事故的发生表示为一系列逻辑门和事件的组合。通过分析故障树，可以识别出导致事故发生的根本原因和潜在的风险源，如下所述：

（1）故障树分析改进故障分析效果。Liu 等（2016）指出，故障树分析提高了故障分析的效果,有助于识别和评估建筑工程中的安全风险,从而改善整体系统的安全性能。

(2)故障树分析识别隧道施工风险。Yang 和 Deng(2021)指出,故障树分析有助于识别影响隧道施工安全的关键因素,如周围岩石的不稳定性、土壤质量不一致、预加固不足、过度挖掘和地质预测不准确。

(3)基于故障树分析的地铁基坑风险识别。Zhang(2009)指出,结合工作分解结构(WBS)和风险分解结构(RBS)的故障树分析(FTA)方法,可用于识别地铁基坑施工中的风险因素。

通过构建故障树模型,可以识别出导致事故发生的根本原因和潜在的风险源,从而为风险管理提供重要的参考。

3.1.2　风险识别工具

除上述方法外,还有一些专门的风险识别工具可以辅助进行建筑工程安全风险识别。以下是几个常用的工具。

3.1.2.1　**事件树分析软件**

事件树分析软件是用于进行事件树分析的工具,可以帮助识别建筑工程中的潜在风险和事故场景。该软件通常提供可视化的界面,支持用户构建事件树模型并进行分析,快速识别可能的风险源和事故路径,如下所述:

(1)事件树分析评估危险环境风险。Hong 等(2009)指出,事件树分析(ETA)是评估危险环境条件下风险并提出对策的有效方法,例如在水下隧道中。

(2)事件树和故障树分析安全关键系统。Cho 等(2017)提到,事件树和故障树可以分析安全关键系统中的可靠性问题,整合可靠性和安全性分析可以显著提高风险分析结果。

(3)模糊故障树分析深基础施工安全风险。Yang 等(2012)指出,模糊故障树方法可以用于分析深基础施工的安全风险,考虑基本事件的概率为模糊数据。

通过使用事件树分析,可以更准确地识别和评估建筑项目中的潜在风险,从而为风险管理提供重要的参考。

3.1.2.2　**风险评估工具**

风险评估工具是用于定量评估建筑工程风险的软件工具。这些工具通常基于风险矩阵分析或其他定量评估方法,提供风险评估模型和计算功能,帮助用户对建筑工程中的各项风险进行量化评估和排序,如下所述:

(1)风险评估使用模糊 TOPSIS 和 PRAT。Koulinas 等(2019)指出,综合多标准方法使用模糊 TOPSIS 和 PRAT 可以有效评估建筑项目中的安全风险,并帮助优先考虑工人健康和安全方面的支出。

(2)模糊集理论和层次分析法结合的风险评估。Nieto-Morote 和 Ruz-Vila(2011)指出,结合模糊集理论和层次分析法(AHP)的风险评估方法可以解决建筑项目中的不确定性和主观判断问题。

（3）基于专家判断的风险评估。Silva 等（2008）指出，基于专家判断的风险评估可以帮助岩土工程师估计斜坡失稳的概率，并做出合理的管理和工程决策。

（4）BIM 技术在建筑结构地质监测中的应用。Annenkov（2022）指出，BIM 技术在建筑结构地质监测中可以进行缺陷和损伤的定量评估，预测风险对整个结构安全运行的影响程度。

通过使用这些工具，可以更准确地识别和评估建筑项目中的潜在风险，从而为风险管理提供重要的参考。

3.1.2.3　风险识别软件

风险识别软件是一类专门用于辅助风险识别的软件工具。这些软件通常提供风险识别模型、数据库、分析工具等功能，可以帮助用户系统地进行风险识别和评估，提高识别的准确性和效率，如下所述：

（1）地铁施工安全风险识别系统。Ding 等（2012）指出，基于施工图纸的地铁施工安全风险识别系统可以自动识别潜在的安全隐患和风险，为动态风险早期预警和控制提供依据。

（2）GIS 软件在风险管理中的应用。赵英琨（2013）指出，GIS 系统包括标的管理、风险专题地图、风险预警、风险录入、风险分析、评估报告等功能，实现了对标的风险受地震、台风、洪水等自然灾害影响的精细化管理，为保险公司的承保决策提供了科学依据。

（3）基于 BIM 技术的建筑安全风险识别。使用 BIM 技术可以检测建筑项目中与保护设备的不当放置或处理相关的安全风险。

通过使用这些软件工具，可以更准确地识别和评估建筑项目中的潜在风险，从而为风险管理提供重要的参考。

综上所述，建筑工程安全风险的识别是确保建筑物安全的重要环节。通过采用多种方法和工具，如审查文献和统计数据、专家咨询和访谈、现场调查和观察、风险矩阵分析、故障树分析等，结合风险识别工具的应用，可以全面、准确地识别建筑工程中存在的安全风险。这为采取相应的风险控制措施提供了基础，保障了建筑工程的安全运行。

3.2　建筑工程安全风险评估模型与技术

3.2.1　风险矩阵分析

风险矩阵分析是一种常见的建筑工程安全风险评估方法。它通过将风险的可能性和影响程度综合考虑，将风险划分为不同的等级，以便对风险进行评估和控制。风险矩阵通常由一个二维表格组成，横轴表示风险的可能性，纵轴表示风险的影响程度。根据具体情况，可以将可能性和影响程度分为几个等级，如低、中、高。通过将风险事件在矩阵中的位置确定到相应的等级，可以评估风险的严重程度，并采取相应的措施进行控制。

风险矩阵分析的关键步骤包括确定可能性和影响程度的等级划分标准、收集和分析相关数据、将风险事件定位到矩阵中的相应位置、评估风险等级，并制定相应的风险控制策略。通过风险矩阵分析，可以直观地了解风险的程度和优先级，帮助决策者制定适当的

控制措施,以减少风险的发生和影响,如下所述:

(1)风险矩阵分析在建筑工地的应用。应用风险矩阵分析有助于识别和控制建筑工地的危险,设定风险管理标准,并采取主动而非被动的措施。

(2)风险矩阵评估爆破施工风险。Tian 等(2015)指出,风险矩阵方法可用于评估爆破施工的风险水平,考虑爆破施工风险的概率和后果。

通过使用风险矩阵分析,可以更准确地识别和评估建筑项目中的潜在风险,从而为风险管理提供重要的参考。

3.2.2　故障树分析

故障树分析是一种定性和定量分析方法,用于识别和评估建筑工程系统故障的潜在原因和后果。在建筑工程中,可以将建筑物及其组成部分作为系统,通过分析故障树,确定导致事故发生的基本事件和组合事件。故障树由逻辑门和事件节点组成,逻辑门包括与门、或门和非门,用于描述事件之间的逻辑关系。

故障树分析的步骤包括确定分析对象、构建故障树、确定基本事件和组合事件、计算事件发生的概率和频率、评估风险等级,并制定相应的控制策略。通过故障树分析,可以识别系统中的关键风险因素和潜在故障路径,帮助决策者了解风险的来源和传播途径,以便采取相应的控制措施,降低事故发生的概率和严重程度,如下所述:

(1)故障树技术用于复杂控制回路系统的可靠性预测。Abdulkadhim 等(2021)使用FTA 计算安全自动切换开关的可靠性,并确定其故障原因,这对于复杂控制回路系统的可靠性预测具有重要意义。

(2)故障树分析在复杂系统安全性和可靠性评估中的应用。Liu 等(2014)指出,使用不精确的可靠性模型的 FTA 可以通过纳入主观信息来改善复杂系统的安全分析和可靠性预测。

通过使用故障树分析,可以识别系统中的关键风险因素和潜在故障路径,帮助决策者了解风险的来源和传播途径,以便采取相应的控制措施,降低事故发生的概率和严重程度。

3.2.3　事件树分析

事件树分析是一种定性和定量分析方法,用于评估建筑工程系统事件的发生概率和后果。在建筑工程中,可以将不同的事件,如火灾、倒塌等,作为分析对象。事件树由逻辑门和事件节点组成,逻辑门用于描述事件之间的逻辑关系,事件节点表示事件的发生和结果。

事件树分析的步骤包括确定分析对象、构建事件树、确定事件发生的可能路径和结果、计算路径和结果的概率和严重程度、评估风险等级,并制定相应的控制策略。通过事件树分析,可以综合考虑事件发生的可能性和后果,帮助决策者了解不同事件的风险程度,以便采取适当的控制措施,降低事件发生的概率和影响。

事件树分析法定量分析闸门事故的频率应用。李永明等(2006)指出,事件树/故障树模型被用于计算核电站在地震事件中的失效和放射性释放概率,提供了对其地震安全性的洞察。

通过事件树分析,可以综合考虑事件发生的可能性和后果,帮助决策者了解不同事件的风险程度,以便采取适当的控制措施,降低事件发生的概率和影响。

3.2.4　安全巡检和监测设备

安全巡检和监测设备是评估建筑工程安全风险的重要工具。通过使用安全巡检设备,如红外线摄像机、烟雾探测器等,可以实时监测建筑物的安全状态,及时发现潜在的风险。此外,还可以使用传感器和监测系统对建筑物的结构、电气、消防等方面进行监测,以提前预警可能的风险事件。

安全巡检和监测设备的使用可以帮助建筑工程管理人员及时了解建筑物的安全状况,发现潜在的风险和问题。例如,红外线摄像机可以监测建筑物的温度变化,及时发现火灾风险;烟雾探测器可以检测室内的烟雾浓度,预警火灾风险。通过传感器和监测系统的使用,可以实时监测建筑物的结构变化、电气设备的运行状态和消防系统的工作情况,及时发现潜在的安全隐患,采取相应的控制措施,确保建筑物和人员的安全。

安全巡检和监测设备是评估建筑工程安全风险的重要工具,如下所述:

(1)机场建筑活动的安全跟踪和监测技术。Hubbard 等(2022)提到,先进的跟踪和监测技术可以通过增强情境意识和预防跑道侵入,提高机场建筑活动的安全性。

(2)无人机监测民用基础设施系统。Ham 等(2016)指出,无人机可以用于建筑工地的巡视、工作进度监控和现有结构检查,特别是在难以到达的区域。

(3)无人机系统(UAS)在建筑安全中的应用。Gheisari 和 Esmaeili(2019)指出,无人机系统可以通过监控靠近高压电线的起重机、活动区域以及未受保护的边缘或开口,提高安全性。

通过使用这些设备,可以实时监测建筑工程中的安全状况,及时发现和识别潜在的风险,从而为风险管理提供重要的参考。

综上所述,建筑工程安全风险评估模型与技术是确保建筑物安全的重要手段。风险矩阵分析、故障树分析和事件树分析能够综合考虑风险的可能性和影响程度,帮助确定风险的严重程度和发生概率。安全巡检和监测设备则能够实时监测建筑物的安全状态,并提前发现潜在的风险。通过综合运用这些模型和技术,可以全面、准确地评估建筑工程中的安全风险,为制定有效的风险控制策略提供科学依据,确保建筑物和人员的安全。

3.3　建筑工程安全风险评估案例分析

3.3.1　风险矩阵分析案例

在这个案例中,一项大型建筑工程项目包括高层建筑的施工,通过风险矩阵分析来评估施工过程中可能出现的安全风险,并制定相应的控制策略。

3.3.1.1　确定可能性和影响程度的等级划分标准

根据历史数据和专家意见,将可能性划分为低、中和高三个等级,影响程度也划分为低、中和高三个等级。具体划分标准如下。

1. 可能性等级划分

低:类似风险事件在过去的类似项目中几乎没有发生过,风险发生的概率极低。

中:类似风险事件在过去的类似项目中偶尔发生,有一定可能性。

高:类似风险事件在过去的类似项目中频繁发生,风险发生的概率较高。

2. 影响程度等级划分

低:风险事件对人员、财产和环境的影响较小,可以通过简单的控制措施进行控制。

中:风险事件对人员、财产和环境的影响适中,可能需要采取一些复杂的控制措施进行控制。

高:风险事件对人员、财产和环境的影响较大,需要采取严格的控制措施进行控制。

3.3.1.2 收集和分析相关数据

通过与项目团队成员和专家的讨论,确定了以下可能出现的风险事件:

(1)高空作业:可能性中,影响程度高。

(2)电气安全:可能性中,影响程度中。

(3)施工机械操作:可能性高,影响程度中。

(4)材料运输和堆放:可能性中,影响程度中。

(5)悬挑施工:可能性中,影响程度高。

(6)建筑物倒塌:可能性低,影响程度高。

3.3.1.3 根据可能性和影响程度的等级定位风险矩阵

可以将每个风险事件的可能性和影响程度确定到相应的等级。例如,高空作业的可能性为中,影响程度为高,那么该风险事件将被定位到风险矩阵的中高区域。

3.3.1.4 评估风险等级,并制定相应的风险控制策略

根据风险矩阵中的定位,可以确定每个风险事件的风险等级。例如,建筑物倒塌的风险等级较高,需要采取严格的控制措施来避免发生。对于高风险等级的事件,应采取以下控制策略:增加高空作业的安全监测频率,加强电气安全培训和操作规范,对施工机械进行定期维护和检查,确保材料的正确运输和堆放,严格控制悬挑施工的质量和安全,采用可靠的结构设计和施工方法来防止建筑物倒塌。

通过风险矩阵分析,可以直观地了解风险的程度和优先级,有针对性地制定风险控制策略。对于高风险等级的事件,将优先考虑并采取相应的控制措施,以降低风险的发生和影响。

3.3.2 事件树分析案例

某地下隧道的建设项目,通过事件树分析来评估可能出现的安全风险,并确定相应的控制策略。

3.3.2.1 明确分析的目标事件

在这个案例中,选择"隧道坍塌"作为目标事件,因为隧道坍塌是地下隧道建设中的重大安全风险。

3.3.2.2　识别与目标事件相关的基本事件和条件事件

基本事件是直接导致目标事件发生的事件,而条件事件是影响基本事件发生的条件。在这个案例中,可以识别以下基本事件和条件事件。

基本事件包括以下几点:

(1)地质条件不稳定。

(2)施工过程中出现设计或施工缺陷。

(3)施工期间发生自然灾害。

条件事件包括以下几点:

(1)地质勘探数据不准确。

(2)施工质量控制不到位。

(3)天气条件恶劣。

3.3.2.3　使用事件树来表示这些事件之间的逻辑关系

事件树是一种图形化的工具,用于描述事件之间的因果关系和概率传递。在事件树中,从目标事件开始,向下分支表示基本事件,向上分支表示条件事件。每个事件的发生概率可以根据历史数据和专家意见进行评估。

3.3.2.4　计算每个事件的概率

经过评估和分析,得出以下概率值。

基本事件的概率值如下:

(1)地质条件不稳定:0.2。

(2)施工过程中出现设计或施工缺陷:0.1。

(3)施工期间发生自然灾害:0.05。

条件事件的概率值如下:

(1)地质勘探数据不准确:0.3。

(2)施工质量控制不到位:0.2。

(3)天气条件恶劣:0.1。

3.3.2.5　计算目标事件的概率

在这个案例中,目标事件的概率可以通过以下计算得出:

$$P_{隧道坍塌} = P_{地质条件不稳定} \times P_{地质勘探数据不准确} + P_{施工过程中出现设计或施工缺陷} \times P_{施工质量控制不到位} + P_{施工期间发生自然灾害} \times P_{天气条件恶劣}$$

$$= 0.2 \times 0.3 + 0.1 \times 0.2 + 0.05 \times 0.1$$

$$= 0.06 + 0.02 + 0.005$$

$$= 0.085$$

3.3.2.6　根据目标事件的概率确定相应的控制策略

在这个案例中,由于隧道坍塌的概率较低,可以采取以下控制策略:加强地质勘探工作,提高地质数据的准确性;加强施工质量控制,确保设计和施工的质量;密切关注天气变化,避免在恶劣天气条件下进行施工。

通过事件树分析,可以清晰地了解事件之间的因果关系和概率传递,评估目标事件的概率,并制定相应的控制策略。这样可以帮助我们全面、系统地评估建筑工程中的安全风险,并采取适当的措施来降低风险。

3.3.3　故障树分析案例

一个化工厂建设项目,通过故障树分析来评估可能导致事故的故障,并确定相应的控制措施。

3.3.3.1　明确分析的目标事故

在这个案例中,选择"化学泄漏事故"作为目标事故,因为化学泄漏可能导致人员伤亡和环境污染。

3.3.3.2　识别与目标事故相关的基本事件和故障事件

基本事件是直接导致目标事故发生的事件,而故障事件是导致基本事件发生的故障或失效。在这个案例中,可以识别以下基本事件和故障事件:

基本事件包括:

(1)化学品泄漏。

(2)泄漏物扩散到工作区域。

(3)人员暴露于泄漏物。

故障事件包括:

(1)泄漏阀门失效。

(2)管道破裂。

(3)泄漏检测系统故障。

3.3.3.3　使用故障树来表示这些事件之间的逻辑关系和概率

在故障树中,从目标事故开始,向上分支表示基本事件,向下分支表示故障事件。每个事件的发生概率可以根据历史数据、可靠性分析或专家意见进行评估。

3.3.3.4　计算每个事件的概率

经过评估和分析,得出以下概率值。

基本事件的概率值如下:

(1)化学品泄漏:0.1。

(2)泄漏物扩散到工作区域:0.3。

(3)人员暴露于泄漏物:0.2。

故障事件的概率值如下:

(1)泄漏阀门失效:0.05。

(2)管道破裂:0.1。

(3)泄漏检测系统故障:0.02。

3.3.3.5　计算目标事故的概率

在这个案例中,目标事故的概率可以通过以下计算得出:

$$P_{化学泄漏事故} = P_{化学品泄漏} \times P_{泄漏物扩散到工作区域} \times P_{人员暴露于泄漏物} + P_{泄漏阀门失效} \times P_{泄漏物扩散到工作区域} \times$$
$$P_{人员暴露于泄漏物} + P_{管道破裂} \times P_{泄漏物扩散到工作区域} \times P_{人员暴露于泄漏物} + P_{泄漏检测系统故障} \times$$
$$P_{泄漏物扩散到工作区域} \times P_{人员暴露于泄漏物}$$
$$= 0.1 \times 0.3 \times 0.2 + 0.05 \times 0.3 \times 0.2 + 0.1 \times 0.3 \times 0.2 + 0.02 \times 0.3 \times 0.2$$

$$= 0.006 + 0.003 + 0.006 + 0.001\ 2$$
$$= 0.016\ 2$$

最后,可以根据目标事故的概率确定相应的控制措施。在这个案例中,由于化学泄漏事故的概率较低,可以采取以下控制措施:定期检查和维护泄漏阀门和管道系统,确保其正常运行;加强泄漏物的检测和监测,及时发现和处理泄漏;提供必要的个人防护装备和培训,确保人员安全。

通过故障树分析,可以清晰地了解事件之间的因果关系和概率传递,评估目标事故的概率,并制定相应的控制措施。这样可以帮助我们全面、系统地评估化工厂中的安全风险,并采取适当的措施来降低风险。

3.3.4　事件树分析与故障树分析的比较

事件树分析和故障树分析是两种常用的安全风险评估方法,它们在分析对象、分析过程和应用范围等方面存在一些差异。下面对事件树分析和故障树分析进行比较,以便更好地理解它们的异同点。

3.3.4.1　分析对象

事件树分析:主要用于评估目标事件的发生概率,目标事件可以是系统失效、事故或灾难等。

故障树分析:主要用于评估系统故障的发生概率,系统故障可以导致目标事件发生的故障或失效。

3.3.4.2　分析过程

事件树分析:从目标事件开始,通过识别基本事件和条件事件,使用事件树来描述事件之间的因果关系和概率传递,计算目标事件的概率,并制定相应的控制策略。

故障树分析:从目标事故开始,通过识别基本事件和故障事件,使用故障树来描述事件之间的逻辑关系和概率传递,计算目标事故的概率,并制定相应的控制措施。

3.3.4.3　应用范围

事件树分析:适用于各种系统失效、事故或灾难的评估,例如核能系统故障、交通事故、自然灾害等。

故障树分析:主要应用于工程系统、设备或过程的可靠性和安全性评估,例如化工厂、电力系统、航空航天等。

3.3.4.4　概率计算

事件树分析:事件的发生概率可以通过历史数据、专家意见或定量分析等方法进行评估,然后根据事件树的结构和概率计算规则,计算目标事件的概率。

故障树分析:事故的发生概率可以通过可靠性分析、故障数据统计或专家意见等方法进行评估,然后根据故障树的结构和概率计算规则,计算目标事故的概率。

3.3.4.5　控制策略

事件树分析:可以根据目标事件的概率确定相应的控制策略,以减少目标事件的发生概率。控制策略包括改进设计、加强监测、提供培训等措施。

故障树分析:可以根据目标事故的概率确定相应的控制措施,以降低系统故障的发生概率。控制措施包括改进设备、加强维护、提供备用系统等措施。

综上所述,事件树分析和故障树分析是两种常用的安全风险评估方法,它们在分析对象、分析过程、应用范围、概率计算和控制策略等方面存在一些差异。选择使用哪种方法取决于具体的分析目标和应用场景。在实际项目中,可以根据需要综合使用这两种方法,以全面、系统地评估和管理安全风险。

建筑工程安全风险识别与评估是确保建筑物安全的重要环节。通过使用各种方法和工具,如文献审查、专家咨询、现场调查和风险评估模型,可以全面识别和评估建筑工程中的安全风险。通过案例分析和实际经验,可以深入了解不同类型建筑工程的风险特点和应对策略。最后,通过制定和执行有效的风险控制策略,如设备维护、使用符合标准的建材和合理设置疏散通道,可以降低风险发生的可能性,确定建筑物和人员的安全。

第 4 章　建筑工程安全风险控制策略

4.1　建筑工程安全风险控制原则和方法

4.1.1　安全风险控制

基于风险评估的结果,建筑工程安全风险控制需要采取一系列的措施来降低或消除潜在的危险和风险。以下是一些常见的安全风险控制原则和方法。

4.1.1.1　工程控制

工程控制是通过改变建筑工程的设计、材料选择和施工方法等方式来控制安全风险的方法。例如,在设计阶段就考虑施工过程中的安全要求,选择合适的结构和材料,预留安全通道和紧急出口等。此外,采用先进的施工技术和设备,确保施工过程中的安全性,也是重要的工程控制手段。

4.1.1.2　行政控制

行政控制是通过建立规章制度、培训和教育、监督检查等方式来控制安全风险的方法。建立完善的安全管理体系、制定明确的安全操作规范、开展员工安全培训和教育,以及进行定期的安全检查和评估等都是行政控制的重要手段。

Saheh 等(2016)提出的行政系统有效地控制了钢筋混凝土结构的故障和缺陷,减少了延误并增加了项目成本。Hammad 等(2013)提出了一种综合方法,以优化建筑项目中自动化机器控制/引导的应用,通过 3D 设计模型和数字地形模型提高安全性和生产力。

4.1.1.3　个体防护

个体防护是通过个人防护装备和设施来控制安全风险的方法。例如,建筑工人需要戴上安全帽、穿上安全鞋等防护装备,在高处作业时使用安全带进行安全保护。此外,安装安全警示标识和安全设施,如消防器材、紧急避难设施等也是个体防护的重要手段。

4.1.2　安全风险监控与改进

安全风险监控与改进是建筑工程安全风险控制的关键环节,它需要对已实施的控制措施进行监测和评估,并及时采取必要的改进措施。以下是一些安全风险监控与改进的原则和方法。

4.1.2.1　监测与检查

建立健全的监测与检查机制,定期对建筑工程项目进行安全风险监测和检查。监测可以通过使用传感器、录像监控等技术手段来实现,检查应涵盖施工现场、设备设施、作业人员等方面,及时发现和解决存在的安全隐患。

Zhu 等(2022)指出,无人机(UAV)和人工智能(AI)可以有效监测和识别道路建设的安全因素,改善安全检查和图像记录。Xu 等(2019)所提出的协作信息集成框架通过增强利益相关者沟通,有效改善了建筑项目的安全监控。

4.1.2.2　事故分析与研究

对发生的安全事故进行深入的分析和研究,找出事故的原因和教训,并提出相应的改进措施。此外,还可以利用事故模拟和仿真等方法来预测和评估安全风险,并制定相应的应急预案。

Zhu 等(2021)指出,朴素贝叶斯和逻辑回归是预测建筑事故严重性的最佳机器学习算法,事故类型、报告和处理是最关键的因素。Shuang 和 Zhang(2023)指出,机器学习技术可以有效预测建筑工地事故的致命原因,有助于安全管理和事故预防。

4.1.2.3　持续改进

建立持续改进的机制,不断完善和提升建筑工程的安全风险控制水平。根据监测与检查的结果和事故分析的教训,及时调整和改进现有的控制措施,提高施工过程中的安全性和效率。

Zhang 和 Fang(2013)指出,将基于行为的安全实践整合到管理常规中,使用监督基础的干预周期和基于行为的安全跟踪和分析系统,可以在建筑行业中持续改善安全性能。卓栋(2015)运用文献研究、比较研究、问卷调查和实证研究等方法,以浙江省宁波市奉化为例,通过介绍美国、德国、英国、日本四个国家和中国香港特别行政区施工安全生产监管情况,提出了改进建议。

建筑工程安全风险控制是确保建筑工程施工过程中人员和财产安全的重要任务。通过对安全风险的评估、控制措施的实施和监控与改进,可以有效减少事故和损失的发生,保障工程项目的顺利进行。在建筑工程管理中,应注重安全风险评估的全面性和准确性,合理选择和组合不同的控制手段,并建立健全的安全风险监控与改进机制,以提高建筑工程的安全性,保障工人和公众的生命和财产安全。

4.2　建筑工程安全风险控制措施与技术

4.2.1　工程设计措施

工程设计是建筑工程安全风险控制的重要环节,下面介绍一些常用的工程设计措施。

4.2.1.1　结构设计

结构设计应考虑建筑物的抗震性能和抗风能力,以及灾害发生后的安全性。采用适当的结构形式、强度和刚度,选择合适的建筑材料,确保建筑物在遭受自然灾害或其他外部力量时的安全性。Chang-kun(2007)介绍了一种结构火灾安全设计和评估框架,考虑热效应和机械效应,以开发节省成本且安全的结构。

4.2.1.2　火灾安全设计

火灾是建筑工程中常见的安全风险之一。在工程设计中,应考虑火灾的防范和扑救措施,包括合理设置防火隔离区域、疏散通道和安全出口,选择防火材料和设备等。此外,设立火灾报警系统和自动喷水灭火系统等被动和主动防火设施也是重要的安全措施,Chow(2012)指出,建筑设计和施工中的火灾安全技术,包括基于性能的设计、时间线分析和水喷淋系统,可以提高建筑的火灾安全性并减少火灾危险。

4.2.1.3　防坍安全设计

在高层建筑和大型结构物的设计中,防止结构坍塌是一个重要的安全问题。通过合理的结构设计和加固措施,如采用抗震设计、设立避雷装置等,可以有效减少结构倒塌的风险。

Tamai 等(2020)指出,新的桥梁限制器设计概念考虑到地震动态效应和橡胶的缓冲效果,提高了桥梁坍塌预防系统的安全性。Judd 和 Charney(2016)指出,坍塌预防系统显著降低了钢框架建筑在最强地震破坏过程中的坍塌概率,可能在 50 年内将坍塌风险降低到 1%或更低。

4.2.2　安全施工措施

在建筑工程的施工过程中,采取适当的安全措施可以减少工人和场地的安全风险。以下是一些常见的安全施工措施。

4.2.2.1　安全培训和教育

对施工人员进行安全培训和教育是重要的安全控制手段。培训内容包括安全操作规程、使用防护装备的方法、应急预案等。通过提高工人的安全意识和技能,减少事故的发生。

Teizer 等(2013)指出,集成实时定位跟踪和沉浸式数据可视化技术在建筑工人教育和培训中可以提高安全和生产力表现。Loosemore 和 Malouf(2019)指出,澳大利亚建筑行业的安全培训主要改善了安全的认知和行为方面,但对其情感态度的影响不大。此外,性别、年龄和教育水平在一定程度上影响了培训的效果。

4.2.2.2　施工现场管理

合理的施工现场管理能够减少环境和人为因素对施工安全的影响,包括设置明确的施工区域、安全通道和紧急出口,进行安全警示标识和警戒线的设置,管理施工材料的储存和运输等。

Kim 等(2014)指出,基于图像处理和模糊推理的现场安全管理方法有效地定制了特定建筑工地的安全管理系统,为工人提供了更安全的工作环境。Park 和 Kim(2013)指出,安全管理与可视化系统(SMVS)框架整合了 BIM、位置跟踪、AR 和游戏技术,有潜力通过增强风险识别、工人识别和管理者与工人之间的实时沟通来改善建筑安全管理。

4.2.2.3　安全防护设施

提供适当的个体防护装备和设施,如安全帽、安全鞋、防护眼镜、安全带等。在高空作业时,使用安全网、安全绳索等防护设施。此外,为施工现场设置消防器材、急救箱、紧急避难设施等也是重要的安全措施。

Garba 等(2022)指出,尽管尼日利亚建筑工地普遍使用安全设施,但需要培训和清晰的工作环境来提高遵从性。Pham 等(2020)指出,基于 4D-BIM 的临时安全设施工作空间规划改善了建筑中小企业的安全实践和管理效果,减少了事故并促进了职业健康与安全。

4.2.3　安全监控和技术应用

安全监控和技术应用是提升建筑工程安全风险控制水平的关键。下面介绍一些常用的安全监控和技术应用手段。

4.2.3.1　视频监控系统

安装视频监控系统可以对施工现场进行实时监控，及时发现和处理安全隐患。视频监控系统可以记录施工现场的实时画面，对施工过程进行回放和分析，为事故调查提供重要的证据。

Luo 等（2020）指出，他们的实时智能视频监控系统能够在建筑过程中的危险区域准确检测人员和设备状态，提供即时反馈以防止不安全行为。Shi 等（2017）指出，建筑工地中的远程视频监控系统提高了质量和安全管理，增强了项目管理的有效性。

4.2.3.2　无线传感器网络

无线传感器网络可以实时监测建筑结构的变化和风险因素，如温度、湿度、位移等。这些数据可以提供给工程师和管理人员，及时采取措施进行风险控制和预防。

Cheung 等（2018）指出，实时建筑安全监控系统整合了无线传感器网络和建筑信息模型技术，实现了有害气体的视觉监控和自动移除。Park 等（2013）指出，开发的传感器网络系统有效监控了在建的大型不规则建筑，确保了安全和精确实施。

4.2.3.3　虚拟现实和增强现实技术

虚拟现实和增强现实技术可以模拟建筑工程施工过程中的场景和风险，帮助施工人员和管理人员进行培训和演练。这种技术可以提供更直观和逼真的体验，增强安全意识和反应能力。

4.2.3.4　建筑信息模型（BIM）

建筑信息模型是一种综合性的数字化建模技术，可以对建筑工程进行全方位的数据管理和分析。通过 BIM 技术，可以在设计阶段对安全风险进行预测和评估，并提出相应的控制策略。在施工阶段，可以利用 BIM 技术进行施工过程的协调和优化，提高施工安全性和效率。

杨燕（2019）指出，BIM 技术在建筑施工行业的应用性逐渐提高，对提高施工管理水平起到了良好的促进作用，如何充分发挥 BIM 技术的优势是管理人员需要重视的关键内容。Tran 和 Pham（2020）指出，4D-BIM 模型可以有效检测和解决施工中的工作空间冲突，支持安全管理并提高整体建筑效率。

建筑工程安全风险控制需要采取一系列的措施和技术应用，从工程设计阶段到施工阶段都需要考虑安全因素。工程设计措施包括结构设计、火灾安全设计和防坍安全设计等。在施工阶段，应加强安全培训和教育、施工现场管理和安全防护设施的使用。安全监控和技术应用可以通过视频监控系统、无线传感器网络、虚拟现实和增强现实技术以及建筑信息模型等手段来提升安全控制水平。通过综合应用这些措施和技术，可以有效降低建筑工程中的安全风险，保障工人和公众的生命和财产安全。

4.3 建筑工程安全风险控制实践案例

4.3.1 超高层建筑项目的安全风险控制实践

某城市位于地震多发区,计划建设一座超高层建筑,楼高达到 50 层以上。项目团队深知超高层建筑施工所面临的极高安全风险,因此采取了一系列的安全风险控制实践。

4.3.1.1 结构设计和材料选择

针对超高层建筑的安全性需求,项目团队在结构设计阶段注重抗震性能和抗风能力的设计。通过采用高强度的结构设计方案,选择钢结构作为主体结构材料来提高建筑物的稳定性和抗风性能。同时,结构设计考虑了地震力和风力对建筑物的影响,并采用了合理的结构布局和梁柱配置,以增强整体结构的抗震和抗风能力。

4.3.1.2 施工现场管理

超高层建筑的施工现场管理是确保施工安全的重要环节。项目团队合理划分施工区域,并设置明确的安全通道和紧急出口。施行严格的安全措施,包括限制高空作业人员数量、强制使用个体防护装备、制定高空作业操作规程等。项目团队还对施工现场进行严格的巡视和检查,确保施工过程中的安全性,防止意外事件的发生。

4.3.1.3 安全培训和教育

针对超高层建筑施工的特殊性,项目团队进行了全面的安全培训和教育。施工人员接受了关于高空安全、火灾防范和应急救援等方面的培训,学习了正确使用个体防护装备的方法、高空作业的技巧和安全操作规程,以及在紧急情况下的危险控制和安全撤离等。此外,项目团队还组织了模拟演练,提升施工人员的应急响应能力和意识。

4.3.1.4 安全监控和技术应用

为了及时掌握施工现场的安全情况,项目团队采用了先进的安全监控和技术应用,安装了高清视频监控系统,全面覆盖施工区域,可以实时监测施工过程,及时发现和处理安全隐患。此外,项目团队还利用无线传感器网络对结构变化、环境温度和湿度等进行实时监测,如有异常情况,及时采取相应的应对措施。

4.3.1.5 紧急救援和预案规划

针对超高层建筑施工可能发生的紧急情况,项目团队制定了详细的紧急救援和灾难预案,确保施工现场配备了足够的灭火器材、急救设备和应急通信设备;指定了紧急撤离路线和集合点,并进行了全员演练。此外,项目团队与相关市政部门和应急机构保持密切合作,确保在紧急情况下能够快速响应和有效救援。

通过以上安全风险控制实践,该超高层建筑项目在施工过程中较好地控制了安全风险。结构设计的合理性、施工现场管理的严格执行、安全培训和教育的全面展开、安全监控和技术应用的科学运用,以及紧急救援和预案规划的完善,使得施工过程中的安全性得到有效保障。该案例证明,综合应用多种安全风险控制措施是确保超高层建筑施工安全的有效途径。

4.3.2　城市地铁施工的安全风险控制实践

某城市计划建设一条城市地铁线路,涉及大量的土方开挖和隧道施工,这项工程面临着复杂的施工环境和相对较高的安全风险。为了确保地铁施工过程中的安全,项目团队采取了一系列的安全风险控制措施。

4.3.2.1　土方开挖和支护工程

在土方开挖和隧道施工方面,项目团队进行了详细的地质勘察和土壤力学分析,以了解地下地质情况和土壤稳定性。基于这些数据,他们制定了合理的开挖方案,考虑了地下水位、地质构造和土壤条件等因素。为了确保施工过程的稳定和安全,项目团队采取了适当的支护措施,如使用钢支撑和混凝土衬砌,以加固挖掘部位的稳定性,并减小塌方和地面沉降的风险。

4.3.2.2　现场安全管理

城市地铁施工现场通常非常拥挤,有大量的工人和设备同时进行作业。项目团队实施了严格的现场安全管理措施,确保施工区域的安全性。合理划定施工区域,并设置明确的安全通道和紧急出口,以确保工人在紧急情况下能够快速撤离。此外,施工人员必须穿戴个人防护装备,如安全帽、耳塞、防护眼镜和工作手套等,以保护安全。

4.3.2.3　火灾和有害气体防范

在地铁施工过程中,火灾和有害气体泄漏是重要的安全风险。项目团队采取了一系列措施来防范火灾和有害气体的危害。使用防火材料进行施工,特别是在狭窄的隧道内,使用阻燃材料和耐高温材料来减少火灾发生的风险。此外,项目团队安装了火灾报警系统和自动喷水灭火系统,并进行了定期测试和维护。为了防范有害气体泄漏,项目团队在施工现场增加了通风设备,确保新鲜空气的流通,并使用气体监测仪器对施工区域的气体浓度进行实时监测。

4.3.2.4　安全培训和教育

为了提高施工人员的安全意识和知识水平,项目团队进行了全面的安全培训和教育。施工人员接受了关于地铁施工安全的培训,包括如何正确使用个体防护装备、应对紧急情况、进行灭火和救援等方面的内容。此外,项目团队还组织了模拟演练,模拟火灾、塌方和紧急救援等情况,以提高施工人员在紧急情况下的应变能力和决策能力。

4.3.2.5　安全监控和技术应用

为了及时掌握施工现场的安全状况,项目团队安装了视频监控系统和无线传感器网络。视频监控系统覆盖整个施工区域,可以实时观察施工过程,发现和处理可能存在的安全隐患。无线传感器网络用于监测土体变形情况、振动数据和气体浓度等,及时预警施工现场的潜在风险,以便采取相应的措施。

通过以上安全风险控制实践,地铁施工过程中的安全性得到了有效保障。合理的土方开挖和支护工程、严格的现场安全管理、科学的火灾和有害气体防范措施、全面的安全培训和教育以及先进的安全监控和技术应用,为地铁工程提供了安全保障。这些实践案例表明,在城市地铁施工中,综合运用多种安全风险控制措施是确保施工安全的关键。只有通过科学的规划、合理的管理和持续的监测,才能确保地铁工程的顺利实施和安全运营。

4.4　建筑工程安全风险控制效果评估

建筑工程安全风险控制的成功与否直接关系到工程的安全性和可持续性。因此，对安全措施和技术应用的效果进行评估是非常重要的。本节将对建筑工程安全风险控制的效果评估进行详细阐述。

4.4.1　安全风险评估和监测

安全风险评估和监测在建筑工程领域扮演着关键的角色，为建筑工程安全风险控制提供了必要的信息和反馈，帮助工程团队识别、评估并降低潜在的风险。下面详细阐述安全风险评估和监测的重要性、方法和技术应用，并探讨如何利用评估结果进行优化和改进。

安全风险评估是建筑工程安全风险控制的前提和基础。它通过系统性的方法和分析，识别和评估与工程相关的各种风险因素。结构安全、火灾安全、人员伤亡风险等都是常见的评估对象。评估过程中，需要充分考虑工程项目的特点和环境条件，对可能的风险源、风险概率和风险影响进行综合评估。评估结果将为工程团队提供重要参考，指导他们制定适当的控制措施和应对策略。

在评估完成后，安全监测是持续追踪和评估安全措施效果的关键手段。通过使用先进的监测技术和设备，如视频监控系统、无线传感器网络等，可以实时监测施工现场的安全状况和潜在的安全隐患。视频监控系统可以提供实时画面，并记录下关键时刻的视频片段，以便后期回放和分析。无线传感器网络则可以用于监测施工现场的各种参数，如温度、湿度、气体浓度等。通过监测数据的分析，可以及时发现潜在的问题和风险，采取相应的措施进行干预和调整。

安全风险评估和监测需要收集、整理和分析实际的安全数据。这些数据包括事故记录、安全事件报告和监测数据等。定期对这些数据进行整理和归纳，以便进行定量和定性分析。定量分析通常涉及统计数据、概率分布和相关参数的计算，以量化风险的程度和潜在影响。定性分析则关注事件的性质、可能的后果和紧急程度。通过分析评估结果，可以及时发现问题，并识别出改进措施和控制策略的优先级。

评估结果的有效应用是优化和改进建筑工程的关键。基于评估结果，工程团队可以对安全控制策略进行优化和调整，以提高工程的安全性和可持续性。例如，如果评估结果表明某一风险可能性较高且后果严重，团队可以优先考虑对其进行控制措施的实施。另外，评估结果还提供了评估指标和基准，用于后续的安全监测和绩效评估。团队可以利用这些指标进行跟踪和对比研究，评估安全控制效果的改进和工程安全水平的提升。

综上所述，安全风险评估和监测是建筑工程安全风险控制的基础和关键环节。它们通过全面、系统地识别、评估和追踪潜在风险，帮助工程团队制定有效的控制策略和应对措施。评估结果的应用为工程团队提供了优化和改进的方向，以提高工程的安全水平和可持续性。因此,对于建筑工程而言,安全风险评估和监测是确保建筑工程安全的不可或缺的环节。

4.4.2　安全指标和评价体系

安全指标和评价体系在建筑工程安全风险控制中起着至关重要的作用。它们用于度量和评价安全绩效,反映安全控制的效果和安全水平。下面详细阐述安全指标的选择和定义,以及评价体系的建立和应用。

安全指标是评估建筑工程安全风险控制效果的关键指标,用于量化和表征安全状态和绩效。在建筑工程中,可以从不同的角度选择和定义安全指标,以反映特定工程的风险特征。以下是几个常见的安全指标示例:

(1)结构安全指标。包括结构强度、稳定性、刚度等指标,用于评价建筑结构的抗震性能和安全性。

(2)火灾安全指标。包括火灾燃烧等级、疏散通道设置、消防设施配备等指标,用于评估建筑防火措施的有效性和适用性。

(3)人员伤亡指标。包括工人伤亡率、事故伤害严重程度等指标,用于衡量施工现场的人员安全状况和事故风险。

安全指标的选择需要综合考虑工程特点、法规要求和行业标准。针对不同类型的工程项目,可以制定相应的安全指标体系,并根据实际情况进行调整和完善。

评价体系是将各个安全指标综合考虑和加权,得出综合评价结果的一种体系化方法。评价体系的建立需要明确安全指标的重要性和权重,以及其对工程安全风险控制效果的贡献程度。常用的评价体系构建方法包括层次分析法(AHP)、模糊综合评价法等。

层次分析法是一种多因素决策方法,可以根据指标的相对重要程度进行排序和加权。通过层次结构树的构建和专家意见的获取,可以确定各个指标的权重,进而计算出综合评价结果。

模糊综合评价法则考虑指标之间的模糊性和不确定性。它基于模糊集合理论,通过定义模糊关系矩阵和隶属度函数,对指标进行模糊量化和加权。最终得出的评价结果是一个模糊数,反映了安全绩效的模糊程度。

评价体系的建立需要充分考虑工程项目的特点和需求。评价体系的应用可以帮助工程团队全面了解工程安全状况,发现优劣之处,并为改进措施和决策提供科学参考。

综上所述,安全指标和评价体系在建筑工程安全风险控制中具有重要作用。通过选择合适的安全指标和建立综合的评价体系,可以量化和评价安全控制效果,为工程团队提供指导和决策依据。合理应用评价体系可以帮助优化工程的安全性和可持续性,确保建筑工程的安全运营和使用。

4.4.3　实例分析和案例对比

某大型住宅社区开发项目,包括多栋高层住宅楼和配套设施。下面通过分析该项目,旨在评估其安全风险控制效果。

4.4.3.1 事故率和伤亡率

通过对该项目的安全记录、事故报告和伤亡统计进行分析,可以评估安全控制措施的有效性。如果该项目的事故率和伤亡率较低,说明安全风险得到了有效控制。

4.4.3.2 安全文化和管理水平

通过分析该项目的安全管理制度、安全培训计划和安全沟通情况,可以评估安全文化的建设和管理水平的效果。良好的安全文化和高效的管理可以提高人员的安全行为和安全意识,降低事故发生的可能性。

4.4.3.3 事故成因和隐患排查

通过对事故报告、隐患整改方案和安全检查记录的研究,可以评估该项目对事故成因的分析和隐患排查的有效性,发现事故的根本成因和潜在的安全隐患,以便采取相应的控制措施。

4.4.3.4 安全培训和教育

通过分析安全培训记录、培训课程和培训效果,可以评估安全培训对施工人员安全控制效果的影响。高质量的安全培训可以提高员工的安全意识和技能水平,降低人为失误和事故发生的可能性。

通过以上评估和比较分析,可以客观评价该建筑工程项目的安全风险控制效果,并提出针对性的改进措施和优化建议。

在实践中,需要充分考虑具体项目的特点和需求,并综合运用各种方法和技术来评估和改善建筑工程的安全风险控制。同时,及时反馈评估结果,并在实践中不断改进和完善安全措施,以提高工程项目的安全水平。

建筑工程安全风险控制效果评估是确保工程安全性和可持续性的重要环节。通过安全风险评估和监测,建立科学合理的安全指标和评价体系,进行实例分析和案例对比,可以全面评估建筑工程安全风险控制的效果。评估结果的准确性和全面性对于提高工程安全水平具有重要意义。有效的评估工作能够发现问题、总结经验,并为今后的工程项目提供指导和借鉴,推动建筑工程安全风险控制的持续改进和提升。

第 5 章　建筑工程应急管理概述

随着城市化进程的加快和人口的增长,建筑工程在城市发展中起到重要的支撑作用,它为城市化进程提供了基础设施支撑,推动了经济的发展,提升了居民的生活质量,并促进了环境保护和可持续发展。建筑行业的健康发展对于社会的繁荣和可持续发展具有重要意义。建筑工程具有复杂性、多样性和长周期性的特点,面临着各种自然灾害、事故和人为破坏等多种风险。这些风险可能导致建筑物倒塌、火灾、爆炸、水灾等严重后果,对人员生命安全和社会稳定造成威胁。为此,国家和地方制定了一系列法律法规,对建筑工程的安全管理和应急管理提出了明确要求,建筑工程单位必须履行应急管理的责任和义务,确保建筑工程的安全运行。

5.1　建筑工程应急管理基本概念与原则

5.1.1　建筑工程应急管理基本概念

建筑工程应急管理是指在建筑工程生命周期中,通过制定和执行应急管理计划,采取一系列预防措施和应急响应措施,以减少事故和灾害对建筑工程及其周边环境、人员和财产的损害,保障人员安全和工程顺利进行的管理活动。

建筑工程应急管理的基本概念包括以下几个方面:

(1)应急管理体系。建立健全应急管理体系是建筑工程应急管理的基础。应急管理体系包括组织机构、职责分工、管理制度、工作程序等,用于协调和指导应急管理工作的开展。

(2)风险评估与预警。通过对建筑工程进行风险评估,识别潜在风险和危险源,并建立相应的预警机制。风险评估需要考虑建筑工程的设计、施工、运营和维护等各个阶段,以及可能的自然灾害、事故和人为因素。

(3)应急预案编制。制定建筑工程应急预案是应急管理的重要内容。应急预案包括应急组织机构、应急资源、应急处置流程、应急演练计划等内容,用于指导和组织应急响应工作。

(4)应急演练与培训。定期组织应急演练,提高应急响应能力和处置能力。应急演练可以模拟火灾、地震、泄漏等事故场景,检验应急预案的有效性和针对性。同时,开展应急培训,提高从业人员的应急意识和技能。

(5)应急响应与处置。在发生事故或灾害时,及时启动应急预案,组织应急响应和处置工作。应急响应包括报警、疏散、救援、灭火等措施,旨在最大限度地减少人员伤亡和财产损失。

(6)信息管理与通信。建立健全的信息管理和通信系统,确保应急信息的及时传递和共享。包括建立应急指挥中心、应急通信网络、应急信息发布系统等,提高应急决策的准确性和时效性。

(7)监督检查与评估。建立监督检查和评估机制,对建筑工程应急管理工作进行监督和评估。通过定期检查、抽查和评估,发现问题和不足,及时改进和完善应急管理措施。

建筑工程应急管理的目标是保障人员安全、减少财产损失、保障工程顺利进行。通过科学的应急管理措施和有效的应急响应能力,可以有效应对各种突发事件,提高建筑工程的安全性和可持续发展能力。同时,建筑工程应急管理需要与相关法律法规、标准和规范相结合,确保管理工作的合法性和规范性。

5.1.2　建筑工程应急管理原则

建筑工程应急管理是为了应对突发事件和灾害、保障人员安全和工程顺利进行而进行的管理活动。在实施建筑工程应急管理时,需要遵循一些基本原则,以确保管理工作的有效性和可持续性。以下是建筑工程应急管理的一些基本原则:

(1)安全第一原则。安全是建筑工程应急管理的首要原则。在任何情况下,都要将人员的生命安全和身体健康放在首位。应急管理工作应以保护人员安全为核心,确保人员在突发事件中得到及时救援和疏散,并采取措施降低事故和灾害对人员的伤害。

(2)预防为主原则。预防是建筑工程应急管理的基础。通过风险评估和预警机制,提前识别潜在的风险和危险源,并采取相应的措施进行预防。预防措施包括安全教育培训、安全设施和装备的配置、定期维护检查等,以减少事故和灾害的发生。

(3)综合协调原则。建筑工程应急管理需要各个部门和单位之间的协调合作。在应急管理工作中,需要建立健全的组织机构和协调机制,明确各个部门和单位的职责和任务,并加强信息共享和沟通,实现资源的统一调配和协同作战。

(4)系统性原则。建筑工程应急管理需要建立完整的管理体系和工作流程。应急管理工作应涵盖建筑工程的各个阶段,包括设计、施工、运营和维护等。应急管理体系应包括组织机构、管理制度、工作程序等,以确保应急管理工作的系统性和连续性。

(5)科学性原则。建筑工程应急管理需要依据科学的理论和方法进行。应急管理工作应基于科学的风险评估和预测,采取科学的应急措施和技术手段,提高应急响应和处置的效果。同时,应急管理工作也需要不断总结和借鉴经验,不断完善和提高管理水平。

(6)灵活性原则。建筑工程应急管理需要具备一定的灵活性和适应性。突发事件和灾害的特点复杂多变,应急管理工作需要根据具体情况进行调整和应对。应急预案和措施需要具备灵活性,能够适应不同的情况和需求。

(7)全员参与原则。建筑工程应急管理需要全员参与,形成全员应急意识和责任意识。建筑工程从业人员应接受应急培训,了解应急预案和措施,并能够熟练掌握应急技能。同时,建筑业主、管理机构和监管部门也应积极参与应急管理工作,共同维护建筑工程的安全和稳定。

（8）持续改进原则。建筑工程应急管理需要不断改进和提高。通过定期的应急演练、事故分析和评估，发现问题和不足，并及时采取措施进行改进。应急管理工作需要与时俱进，紧跟科技发展和管理进步，提高应急管理的水平和效果。

以上是建筑工程应急管理的一些基本原则。在实际工作中，根据具体情况和需求，可以进一步细化和完善这些原则，并结合相关法律法规、标准和规范进行实施。建筑工程应急管理的目标是保障人员安全、减少财产损失、保障工程顺利进行，通过遵循这些原则，可以有效应对突发事件和灾害，提高建筑工程的安全性和可持续发展能力。

5.2　建筑工程应急管理组织体系与职责

建筑工程应急管理组织体系是指为有效应对突发事件和灾害、保障人员安全和工程顺利进行而建立的一套组织机构和管理体系。建筑工程应急管理组织体系包括组织机构、职责分工、工作程序、信息管理等方面，旨在协调和指导应急管理工作的开展。

5.2.1　组织机构

建筑工程应急管理组织体系中的组织机构在协调指挥、职责分工、救援协调、决策指导和信息共享等方面发挥着重要作用。它能够提高应急管理工作的效率和水平，确保在突发事件中能够迅速、有序地进行应急响应和处置，最大限度地减少人员伤亡和财产损失。主要包括：

（1）应急指挥部。作为建筑工程应急管理的核心组织机构，负责统一指挥和协调应急管理工作。应急指挥部通常由主要负责人、副指挥、各部门负责人和专家组成，根据需要可以设立多个指挥部，分别负责不同的应急阶段或特定的应急事件。

（2）应急办公室。作为应急指挥部的执行机构，负责具体的日常工作。应急办公室通常由应急管理专业人员组成，负责应急预案的编制、应急资源的调配、应急演练的组织等工作。

（3）应急救援队伍。建筑工程应急管理需要配备专业的救援队伍，包括消防队、救护队、抢险队等。这些队伍由专业人员组成，具备应急救援的技能和装备，负责在突发事件中进行救援和处置工作。

（4）相关部门和单位。建筑工程应急管理涉及多个部门和单位，包括建设单位、设计单位、施工单位、监理单位、物业管理单位等。这些部门和单位需要积极参与应急管理工作，按照职责分工，提供必要的支持和配合。

5.2.2　职责分工

为了发挥各部门和单位的专业优势，提高工作效率，促进协同合作，明确责任范围，合理利用资源，必须将有限的人力资源进行分配，将相关的职责和任务分配给具备相应专业知识和技能的部门和单位，确保应急管理工作有序进行，提高应急响应和处置的效能。一般分为主要负责人、各部门负责人、应急办公室、应急救援队伍、相关部门和单位等，明确各部门和单位在不同环节中的具体职责和任务。

（1）主要负责人。负责建筑工程应急管理的决策和指导，对应急工作负总责。主要负责人需要具备较高的应急管理水平和决策能力，能够在突发事件中迅速做出决策和应对。

（2）各部门负责人。负责本部门的应急管理工作，包括风险评估、预警、资源调配、应急演练等。各部门负责人需要具备专业知识和技能，能够根据具体情况制定相应的应急措施和预案。

（3）应急办公室。负责应急预案的编制、应急资源的调配、应急演练的组织等具体工作。应急办公室需要与各部门密切合作，协调各方资源，确保应急工作的顺利进行。

（4）应急救援队伍。负责在突发事件中进行救援和处置工作。应急救援队伍需要根据应急预案和指挥部的指令，迅速行动，展开救援工作，并与其他部门和单位协调配合。

（5）相关部门和单位。根据职责分工，负责本部门或单位的应急管理工作。相关部门和单位需要积极参与应急演练和培训，提高应急响应和处置的能力。

5.2.3　工作程序

根据应急管理法律法规、工作流程和环节、任务和职责分工、经验和教训总结以及技术手段和工具支持等因素综合考虑，建筑工程应急管理工作通常包括预防控制、应急响应和事后救援等环节。

5.2.3.1　预防控制

预防控制是应急管理中最为关键的一环，目的在于通过有效的风险识别、评估和控制，尽量避免紧急事件的发生。在建筑工程领域，通常包括以下几点：

（1）风险评估。定期进行工程安全风险评估，包括建筑材料、施工方法、设备使用和工程环境等方面。

（2）制定安全标准。确立严格的安全操作规程和标准，对施工人员进行定期安全培训。

（3）实施安全监控。在施工现场安装监控设备，实时监控工作环境和员工的安全状况。

（4）应急预案的制定与演练。编制详细的应急预案，并定期组织应急演习，提高团队对紧急情况的响应能力。

5.2.3.2　应急响应

当预防措施未能完全避免事故的发生时，迅速有效的应急响应措施是必需的。应急响应阶段包括以下几点：

（1）快速响应。事故发生后，迅速启动应急预案，调动必要的资源进行应急处置。

（2）现场指挥。建立临时指挥中心，由有经验的管理人员指挥应急救援操作。

（3）信息沟通。保持与工程团队、救援团队以及相关政府部门的通信畅通，及时传达事故现场的最新情况。

（4）紧急避难和救援。确保所有现场人员迅速撤离到安全区域，对受伤人员进行紧急救治。

5.2.3.3 事后救援

事后救援是指在应急响应后进行的伤员救治、现场清理和恢复工作,以及对事故原因的调查与分析,主要包括以下几点:

(1)伤员救治和心理辅导。为受伤工人提供必要的医疗救治,并为所有受影响的人员提供心理辅导和支持。

(2)现场清理和恢复。清理事故残留物,评估和修复可能的结构损伤,尽快恢复施工。

(3)事故调查与分析。彻底调查事故原因,分析事故背后的系统性问题,提出改进措施。

(4)总结与反馈。总结救援经验,修订应急预案,提高未来的应急管理能力。

这种全面的应急管理流程不仅能够最大限度地减少建筑工程中的风险和损失,还能够提高整个行业的安全管理水平。

5.2.4 信息管理

信息管理能够促进信息共享和协同合作、支持决策和指挥调度、实现应急预警和监测、记录和分析信息、保障信息的安全性,为应急管理工作提供有效的支持和保障。信息管理应包括应急信息收集和分析、应急信息发布、信息管理和通信。

在应急信息收集和分析中,应建立健全的应急信息收集和分析机制,及时掌握和分析与建筑工程应急管理相关的信息,包括监测预警信息、事故报告、应急演练结果等。

建立应急信息发布系统,及时向相关部门和单位发布应急信息。应急信息发布需要准确、清晰地传达突发事件的情况、应急措施和指示,以便各方能够迅速做出应对和行动。

建立有效的信息管理和通信系统,确保应急指挥部和各部门之间的信息共享和沟通畅通。采用先进的通信技术和设备,确保信息的快速传递和准确性。

通过建立完善的建筑工程应急管理组织体系,可以提高应急管理工作的效率和水平,确保在突发事件中能够迅速、有序地进行应急响应和处置。同时,组织机构的明确和职责分工的清晰,能够提高各部门和单位的协同配合能力,形成合力应对突发事件。需要注意的是,建筑工程应急管理组织体系需要根据具体情况进行灵活调整和完善,以适应不同类型的突发事件和灾害。同时,定期进行应急演练和培训,提高从业人员的应急意识和技能,是保障应急管理体系有效运行的重要环节。

5.3 建筑工程应急管理法律法规

在应急管理过程中,法律法规提供了具体的法律依据和操作指南,为建筑工程单位提供了法律保障和指导。本节将概述建筑工程应急管理相关的法律法规与标准,以提供对建筑工程应急管理体系的整体认识。

5.3.1 主要法律法规的内容和要求

建筑工程应急管理是保障建筑工程安全和应对突发事件的重要环节,相关的法律法规为建筑工程应急管理提供了法律依据和指导。法律法规体系是由立法机关制定的一系列法律法规文件组成的,涵盖了应急管理的各个方面。其中,如《中华人民共和国安全生产法》《中华人民共和国建筑法》等,这些法律对建筑工程单位的应急管理工作提出了基本要求和规范。地方法规即各省、自治区、直辖市制定的法规对建筑工程单位在地方范围内的应急管理提出了具体要求。部门规章即由相关部门制定的规章,如住房和城乡建设部、应急管理部等,这些规章对建筑工程应急管理的细节和具体操作进行了规范。

5.3.1.1　《中华人民共和国建筑法》

《中华人民共和国建筑法》是我国建筑工程管理的基本法律,其中包含了建筑工程应急管理的相关规定。该法规定了建筑工程的设计、施工、验收等各个环节的安全要求,要求建筑工程应具备抗震、防火、防雷、防洪等应急能力,并明确了各方的责任和义务。

5.3.1.2　《中华人民共和国安全生产法》

《中华人民共和国安全生产法》规定了建筑工程单位在安全生产方面的责任和义务,包括应急管理的要求。建筑工程单位应当制定应急预案、组织应急演练、做好事故隐患排查和整改等工作。

5.3.1.3　《中华人民共和国消防法》

《中华人民共和国消防法》是我国消防安全管理的基本法律,对建筑工程的消防安全管理提供了法律依据。该法规定了建筑物的消防设计、建设、使用和维护等要求,要求建筑物应当设置消防设施、制定消防安全管理制度,并明确了各方的消防安全责任。

5.3.1.4　《中华人民共和国突发事件应对法》

《中华人民共和国突发事件应对法》是我国突发事件应对管理的基本法律,对建筑工程突发事件的应急管理提供了法律依据。该法规定了突发事件的分类、级别和应急响应措施,要求建筑工程应制定突发事件应急预案、组织应急演练,并明确了各方的应急管理责任。

5.3.1.5　《建设工程安全生产管理条例》

《建设工程安全生产管理条例》是我国建筑工程施工安全管理的重要法规,对建筑工程施工中的应急管理提供依据。该条例规定了建筑工程施工安全管理的要求,要求建筑施工单位应制定施工安全生产管理制度,应当在施工组织设计中编制安全技术措施和施工现场临时用电方案,对达到一定规模的危险性较大的分部分项工程编制专项施工方案。

5.3.1.6　《生产安全事故应急预案管理办法》

《生产安全事故应急预案管理办法》的发布和实施,对于加强生产安全事故应急管理、提高应急响应能力和减少事故损失具有重要意义。预案的编制、审批、实施、修订和培训等环节的规定,能够确保预案的科学性、可操作性和有效性,为预防和应对生产安全事故提供有力支持。

以上是建筑工程应急管理相关的法律法规的简要介绍,因各省、自治区、直辖市制定的地方法规是在中央法律基础上制定的,且每省、自治区、直辖市具体情况不同,多少略有差异,本书不再一一介绍。这些法律法规的出台,为建筑工程应急管理提供了明确的指导和规范,对于保障建筑工程的安全和应对突发事件具有重要意义。建筑工程从业人员和相关管理部门应严格遵守这些法律法规的规定,加强应急管理能力,确保建筑工程的安全可靠。

5.3.2　法律在应急管理中的作用和意义

法律在建筑工程应急管理中起到了重要的指导和保障作用。它明确了建筑工程单位的责任和义务,规范了应急管理的要求和程序。具体而言,法律在应急管理中的作用体现在以下几个方面:

(1)为建筑工程单位提供了明确的法律依据,使其能够依法履行应急管理的职责和义务。

(2)规定了应急管理的基本要求和程序,为建筑工程单位提供了具体的操作指南和规范,帮助其建立健全的应急管理体系。

(3)对违反应急管理规定的行为进行了明确的处罚和责任追究,增强了建筑工程单位履行应急管理责任的意识和决心。

(4)为建筑工程单位的应急管理工作提供了法律保护,保障其合法权益,同时为受害人提供了救济途径和法律支持。

总的来说,建筑工程应急管理的法律框架由中央和地方法律法规、部门规章等组成,为建筑工程单位提供了法律依据和操作指南。法律规定了应急管理的基本要求和程序,明确了建筑工程单位的责任和义务,并对违法行为进行了处罚和责任追究。建筑工程单位应当遵守相关法律法规,建立健全的应急管理体系,提高应急响应能力,确保建筑工程的安全和稳定运行。

5.3.3　调整和补充

在实际应用中,建筑工程应急管理的法律法规可能需要根据具体情况进行调整和补充。以下是一些可能的情况和相应的应对措施:

(1)地域特点。不同地区的建筑工程面临的安全风险和灾害类型可能存在差异。因此,可以根据地域特点制定地方性的应急管理法规,以更好地适应当地的应急需求。

(2)建筑类型。不同类型的建筑工程在应急管理方面可能存在差异,例如住宅楼、商业建筑、工业厂房等。针对不同类型的建筑,可以制定相应的应急管理指南,以满足其特定的应急管理需求。

(3)技术进步。随着科技的不断发展,新的技术手段和设备可能被应用于建筑工程应急管理中。相关法律法规需要及时进行更新和修订,以适应新技术的应用,并确保其安全可靠性。

(4)经验总结。根据实际应急管理工作中的经验总结和教训,可以对现有的法律法规进行修订和完善。通过不断学习和改进,提高应急管理的科学性和实效性。

在调整和补充法律法规与标准时,应充分考虑各方利益和专业意见,进行广泛的讨论和征求意见,确保调整和补充的合理性和可行性。此外,建筑工程单位还应建立健全的监督检查机制,确保法律法规与标准的执行和落实。

建筑工程应急管理的法律法规是建筑工程单位应急管理工作的重要依据。通过合理调整和补充,可以更好地适应地域特点、建筑类型、技术进步和经验总结的需求,提高应急管理的针对性和实效性。建筑工程单位应密切关注相关法律法规的动态变化,不断完善应急管理体系,提高应急响应能力,确保建筑工程的安全运营和人员的生命财产安全。

5.4　建筑工程应急管理的挑战与趋势

5.4.1　建筑工程应急管理未来面临的挑战

随着社会的发展和建筑工程规模的不断扩大,建筑工程应急管理面临着更加复杂和多样化的风险和挑战。

5.4.1.1　多元化风险挑战

未来,建筑工程应急管理将面临更加多元化的风险挑战。首先,自然灾害是建筑工程应急管理的重要挑战之一。气候变化导致的极端天气事件和自然灾害频发,如暴雨、洪水、地震等,对建筑工程的安全性和可持续性提出了更高的要求。其次,人为因素也是建筑工程应急管理的挑战之一。恐怖袭击、火灾、事故等人为因素的风险需要得到有效的应对和管理。此外,新兴技术和新材料的应用也带来了新的风险挑战,如智能建筑的网络安全、新材料的可靠性等问题。

Alameri 等(2021)指出,时间、成本和质量是建筑项目面临的三大挑战,所有挑战都是高风险挑战。Jones 等(2019)指出,由于危害的差异、风险理解的不同和组织及工人缺乏所有权,建筑中的健康风险难以管理。徐守冀等(2004)阐述了在复杂的自然和社会环境下,受建筑工程项目本身不确定性因素的影响,建筑工程时常面临各种危机,通过对危机描述、分析,建立了适当的危机管理模式。

5.4.1.2　信息化和技术应用

信息化和技术应用是建筑工程应急管理的重要支撑。未来,随着物联网、大数据、人工智能等技术的不断发展,建筑工程应急管理将面临信息化和技术应用的挑战。首先,信息化建设需要加强,应建立全面、准确、实时的建筑工程信息管理系统。其次,需要加强对新兴技术的研究和应用,如无人机、遥感技术、智能感知等,提高建筑工程的监测、预警和指挥调度能力。此外,网络安全也是一个重要的挑战,建筑工程应急管理需要加强网络安全防护,防范网络攻击和数据泄露等风险。

5.4.1.3　应急演练和培训机制

应急演练和培训是建筑工程应急管理的重要环节。未来,应急演练和培训机制需要进一步完善和提升。首先,应急演练需要更加贴近实际情况,组织大规模的综合性应急演练,提高各方面的应急响应能力。其次,培训机制需要加强,建立专业化的培训机构,提供全国各地建筑工程从业人员的培训课程和培训资源。培训内容应包括应急管理的基本知识、应急预案的制定与执行、应急指挥系统的操作等方面。此外,还应加强应急管理人员的综合素质培养,包括团队合作能力、沟通协调能力、应变能力等方面的培养。

Ruttenberg 等(2020)指出,频繁的短期培训,如每月演练和在线模块,增强了应急响应团队的年度复训,提高了维持技能、团队建设和保护工作场所运营及设备的能力。Miguel 和 Diez(2015)提出了一个概念设计模型,支持社区参与应急演练,旨在克服合适技术的短缺并增强社区在培训和演习中的参与。Gwynne 等(2020)指出,增强现实和虚拟现实等新兴技术可以通过提高培训效果和紧急情况下的居民表现来增强疏散演练能力。

5.4.1.4　法律法规和政策支持

法律法规和政策支持是建筑工程应急管理的重要保障。未来,需要加强对建筑工程应急管理的法律法规和政策的制定与完善。建立健全的法律法规体系,明确建筑工程应急管理的责任和义务,规范应急管理的程序和要求。同时,政府应加大对建筑工程应急管理的政策支持力度,提供必要的经费和资源支持,推动建筑工程应急管理的发展。

建立健全的应急管理机制,由地方政府发挥主导作用,对于确保安全和维护社会和谐与稳定至关重要。Francini 等(2018)指出,GIS 平台可以通过确定最佳连接和安全干预来支持城市应急规划。Yang(2017)指出,应急响应计划应全面,包括所有相关方面,以有效控制和管理大型建筑项目中的环境、安全、健康及劳动标准突发情况。

综上所述,未来建筑工程应急管理将面临多元化风险挑战、信息化和技术应用、应急演练和培训机制、法律法规和政策支持等方面的挑战。为了有效应对这些挑战,需要加强专业素养和技能、提升应急管理机构和团队建设、加强信息化建设和技术应用、完善应急演练和培训机制、加强公众参与和意识提升、制定健全法律法规和政策支持等措施。通过各方的共同努力,我国建筑工程应急管理将能够更好地应对未来的挑战,确保建筑工程的安全稳定运行,保护人民生命财产安全,促进社会的可持续发展。

5.4.2　建筑工程应急管理未来发展的趋势

我国建筑工程应急管理在未来将面临许多新的挑战和机遇,随着社会的发展和技术的进步,建筑工程应急管理将呈现出一些明显的趋势。

5.4.2.1　智能化和数字化

未来,建筑工程应急管理将趋向智能化和数字化。随着物联网、大数据、人工智能等技术的广泛应用,建筑工程的监测、预警、指挥调度等方面将更加智能化。传感器和监测设备的普及将使建筑工程的实时监测和数据采集更加便捷和精确。智能化的建筑工程应急管理系统将能够实现快速响应、精准预警和高效指挥,提高应急响应的效率和准确性。

Chenya 等(2022)指出,智能风险管理需要开发数字管理平台、决策系统和机器学习技术,以克服研究差距并提高项目管理效率。Pan 和 Zhang(2021)指出,人工智能在建筑工程和管理中的应用可以提高自动化、风险缓解、效率、数字化和计算机视觉,关键研究主题包括知识表示、推理、信息融合和智能优化。

刘占省等(2022)研究了基于数字孪生技术的装配式建筑构件安装智能化管理模型,旨在提高建筑施工的效率和安全性。Hajirasouli 等(2022)指出,增强现实(AR)可以通过减少成本、时间和延误,提高建筑行业的生产力、质量和可持续性,同时增加安全性和工人满意度。

5.4.2.2　跨部门、跨领域的协同合作

建筑工程应急管理需要多个部门和单位的协同合作。未来,跨部门、跨领域的协同合

作将成为建筑工程应急管理的重要趋势。政府部门、建筑工程主管部门、企事业单位、科研机构等需要加强合作,共同推动建筑工程应急管理的发展。建立跨部门、跨领域的信息共享机制,加强资源整合和协同行动,将有效提升建筑工程应急管理的整体能力。

Fan 等(2019)指出,上海市城市应急预案中,结构化的跨机构网络和具有较高信息可访问性的领导部门显著提高了应急协作效率。Loosemore 等(2020)指出,建筑行业中的跨部门合作可以产生积极的社会影响和共享价值效益,但由于项目团队和社区的碎片化性质而面临挑战。

5.4.2.3　全生命周期管理

建筑工程应急管理将从建筑工程的全生命周期角度进行管理。未来,建筑工程应急管理将从设计、施工到运营和维护全过程进行风险评估和预防措施的制定。在设计阶段,应考虑建筑工程的应急疏散通道、消防设施等方面的设计。在施工阶段,应加强施工安全管理,确保建筑工程的安全性能。在运营和维护阶段,应加强设备的维护和检修,定期组织应急演练和培训,提高应急响应能力。

Succar 和 Poirier(2020)指出,生命周期信息转换和交换(LITE)框架为建筑行业中项目和资产信息的定义、管理和整合提供了模块化、可扩展和可伸缩的信息管理框架。Mabelo 等(2017)指出,系统工程原则和概念可以增强项目生命周期模型,提高大型基础设施项目的交付效果。Shafiq 等(2020)指出,虚拟设计建造工具可以改善海湾合作委员会(GCC)国家的工地安全,特别是在设计紧急疏散计划和防坠落策略方面。

5.4.2.4　灾害风险管理

灾害风险管理将成为建筑工程应急管理的重要内容。随着气候变化和自然灾害的增加,建筑工程面临着更多的灾害风险。未来,建筑工程应急管理将更加注重灾害风险的评估和预防。通过科学的风险评估方法,制定相应的预防措施,提高建筑工程的抗灾能力。建筑工程应急管理还将加强对灾后恢复和重建工作的指导和支持,实现灾后快速恢复和可持续发展。

5.4.2.5　国际合作和交流

建筑工程应急管理是一个全球性的议题,各国可以通过国际合作和交流共同推进建筑工程应急管理的发展。未来,我国建筑工程应急管理将更加积极主动地参与国际合作和交流,学习借鉴国际先进经验和做法。通过与国际组织、机构和专家的合作,共同研究和解决建筑工程应急管理面临的共同挑战,提升应急管理的水平和能力。

Wang 等(2023)指出,抗疫紧急项目中建立建筑社区-抗疫应急项目(CC-AEEPs)确保了高速度和高质量,政府、承包商和监管者是关键参与者,社会网络分析(SNA)方法有效分析了成员间的复杂性和合作关系。Staykova 等(2017)指出,知识交流(KE)可用于评估和改善建筑项目的协作绩效,使团队能够识别不当行为和行动以进行改进。

综上所述,未来我国建筑工程应急管理将朝着智能化、协同合作、全生命周期管理、灾害风险管理和国际合作的方向发展。这些趋势将推动建筑工程应急管理的创新和提升,确保建筑工程的安全稳定运行,保护人民生命财产安全,促进社会的可持续发展。同时,政府、企事业单位、科研机构和公众都需要共同努力,加强合作,共同推动建筑工程应急管理的发展,构建安全、可靠的建筑环境。

第 6 章　建筑工程应急预案编制与实施

应急预案是为了在紧急情况下能够迅速、有效地做出应对措施而制定的规划和指南。一个科学有效的应急预案：一是能够有效保障人员安全。通过制定应急预案，可以明确应对各种紧急情况时的行动步骤和程序，提高人员在灾害事件中的自救和互救能力，减少人员伤亡。二是能够有效减少财产损失。三是提高应急响应效率。四是加强组织协调与合作。五是符合法律法规要求。六是增强公众信任和声誉。七是增强应急意识和能力。应急预案的编制过程本身就是一种对组织和个人应急意识和能力的培养，通过参与预案编制和培训，可以提高人员对灾害风险的认识，增强应对紧急情况的能力，培养应急意识。

6.1　建筑工程应急预案编制流程与要点

建筑工程应急预案编制流程需要依据《生产安全事故应急预案管理办法》（应急管理部令第 2 号）、《生产安全事故应急条例》（国务院令第 708 号）、《生产经营单位生产安全事故应急预案编制导则》（GB/T 29639—2020）、《生产安全事故应急演练基本规范》（AQ/T 9007—2019）等文件要求开展，其中《生产经营单位生产安全事故应急预案编制导则》（GB/T 29639—2020）是由《生产经营单位生产安全事故应急预案编制导则》（GB/T 29639—2013）修订而来的，部分内容发生了变化，修订后的编制导则更加合理、科学。主要修订内容表现在：

（1）修改和规范了应急预案编制程序，由 6 条改为 8 条，增加了应急资源调查和桌面推演。其中，桌面推演衔接了标准《生产安全事故应急演练基本规范》（AQ/T 9007—2019）。

（2）将"应急能力评估"修改为"应急资源调查"。修改后，更加明确和易操作。

（3）细化了应急预案编制内容要求。强调应急预案编制应遵循以人为本、依法依规、符合实际、注重实效的原则，清晰界定本单位的响应分级标准，预案力求简明化、图表化、流程化。

（4）明晰了应急预案评审程序。明晰了评审准备、组织评审、修改完善的评审流程。

（5）在综合应急预案中去掉"编制目的""风险评估结果"，以附件体现。风险评估结果适用整个预案体系，各层级预案不必再单独写风险评估的内容。

（6）在专项应急预案要素增加"适用范围"，去掉"事故风险分析"。增加"适用范围"强调了专项应急预案必须有针对性，去掉"事故风险分析"与上述第（5）条理由同。

（7）专项应急预案与综合应急预案中的应急组织机构、应急响应程序相近时，可写专项应急预案，相应的应急处置措施并入综合应急预案。

（8）在应急预案附件增加"生产经营单位概况""预案体系与衔接""风险评估结果"，强调应急预案必须兼容和衔接。同时将风险评估结果直观地写在附件中，清晰明了。

（9）增加了应急资源调查报告编制大纲和风险评估报告编制大纲。增加大纲使企业更易操作。

（10）强化了本标准为编制导则的属性，关于预案管理的内容，如培训、备案、演练、定期评估、修订等，均交由《生产安全事故应急预案管理办法》处理。

6.1.1　建筑工程应急预案编制流程

根据《生产安全事故应急预案管理办法》（应急管理部令第 2 号）、《生产安全事故应急条例》（国务院令第 708 号）、《生产经营单位生产安全事故应急预案编制导则》（GB/T 29639—2020）等文件最新要求，在确定编制应急预案的目的和范围的前提下，建筑工程应急预案编制流程大致分为以下步骤：

第一步：组织编制工作

在这一步骤中，需要结合本单位部门职能和分工，成立以单位有关负责人为组长，单位相关部门人员（如生产、技术、设备、安全、行政、人事、财务人员）参加的应急预案编制工作组，明确工作职责和任务分工，制订工作计划，组织开展应急预案编制工作，预案编制工作组应邀请相关救援队伍以及周边相关企业、单位或社区代表参加。

第二步：资料收集

应急预案编制工作组应收集下列相关资料：

（1）适用的法律法规、部门规章、地方性法规和政府规章、技术标准及规范性文件。

（2）周边地质、地形、环境情况及气象、水文、交通资料。

（3）现场功能区划分、建（构）筑物平面布置及安全距离资料。

（4）工艺流程、工艺参数、作业条件、设备装置及风险评估资料。

（5）历史事故与隐患、国内外同行业事故资料。

（6）属地政府及周边企业、单位应急预案。

第三步：风险评估与分析

在编制应急预案之前，开展生产安全事故风险评估，撰写评估报告，以确定建筑工程所面临的主要风险和潜在灾害。

（1）分析存在的危险有害因素，确定可能发生的生产安全事故类别，评估不同风险的可能性、危害后果和影响范围。

（2）分析建筑工程的脆弱性和抵抗能力。

（3）评估确定相应事故类别的风险等级，确定应急预案的重点和优先级。

第四步：应急资源调查

全面调查和客观分析本单位以及周边单位和政府部门可请求援助的应急资源状况，撰写应急资源调查报告，其内容包括但不限于：

（1）本单位可调用的应急队伍、装备、物资、场所。

（2）针对生产过程及存在的风险可采取的监测、监控、报警手段。

（3）上级单位、当地政府及周边企业可提供的应急资源。

（4）可协调使用的医疗、消防、专业抢险救援机构及其他社会化应急救援力量。

第五步:制定应急预案

在这一步骤中,根据风险评估结果和应急资源情况,制定建筑工程的应急预案。应急预案应包括以下内容:

(1)依据事故风险评估及应急资源调查结果,结合本单位组织管理体系、生产规模及处置特点,合理确立本单位应急预案体系。

(2)结合组织管理体系及部门业务职能划分,科学设定本单位应急组织机构及职责分工。

(3)依据事故可能的危害程度和区域范围,结合应急处置权限及能力,清晰界定本单位的响应分级标准,制定相应层级的应急处置措施。

(4)按照有关规定和要求,确定事故信息报告、响应分级与启动、指挥权移交、警戒疏散方面的内容,落实与相关部门和单位应急预案的衔接。

第六步:桌面推演

按照应急预案明确的职责分工和应急响应程序,结合有关经验教训,相关部门及其人员可采取桌面演练的形式,模拟生产安全事故应对过程,逐步分析讨论并形成记录,检验应急预案的可行性,并进一步完善应急预案。

第七步:应急预案的评审和发布

完成应急预案的编制后,单位应按法律法规有关规定组织评审或论证,用于评估和改进应急预案的有效性和可行性。参加应急预案评审的人员包括有关安全生产及应急管理方面的、有现场处置经验的专家。应急预案论证可通过推演的方式开展。之后,将应急预案按照国家有关规定报送县级以上人民政府负有安全生产监督管理职责的部门备案,对内签发,并依法向社会公布,确保所有相关人员能够访问和了解预案内容。

第八步:应急预案的培训和演练

应急预案不仅仅是一份文件,还需要通过培训和演练来提高应急响应能力。培训和演练包括:

(1)组织应急培训。向相关人员提供应急培训,包括预案内容、应急程序和操作技能等。

(2)定期进行应急演练。根据预案制订演练计划,模拟不同灾害场景,检验应急响应的有效性和协调性。

第九步:应急预案的维护和更新

应急预案需要定期进行维护和更新,以确保其与建筑工程的实际情况和风险变化保持一致。维护和更新包括:

(1)定期检查和修订。定期对应急预案进行检查,发现问题和不足,并及时进行修订和更新。

(2)反馈和改进。根据实际情况和演练结果,及时进行反馈和改进预案的内容和程序。

6.1.2　建筑工程应急预案编制要点

应急预案是保障生产经营单位安全的重要工作,确保在灾害事件发生时能够迅速、有效地做出应对,编制建筑工程应急预案需要遵循《生产安全事故应急预案管理办法》《生产经营单位生产安全事故应急预案编制导则》(GB/T 29639—2020)等法律标准要求,综合考虑建筑工程的特点、风险评估结果、法律法规要求和实际情况等因素,确保预案的合规性和可行性。在应急预案编制过程中特别要注意的事项有以下几点。

6.1.2.1 明确预案编制的目标和基本要求

在开始编制应急预案之前,需要明确预案的编制目标和基本要求。预案编制的目标是保障人员生命安全、减少财产损失、保护环境等,具体根据实际情况确定。应急预案的编制应当符合下列基本要求:

(1)符合有关法律、法规、规章和标准的规定。

(2)结合本地区、本部门、本单位的安全生产实际情况。

(3)结合本地区、本部门、本单位的危险性分析情况。

(4)应急组织和人员的职责分工明确,并有具体的落实措施。

(5)有明确、具体的事故预防措施和应急程序,并与其应急能力相适应。

(6)有明确的应急保障措施,并能满足本地区、本部门、本单位的应急工作要求。

(7)预案基本要素齐全、完整,预案附件提供的信息准确。

(8)预案内容与相关应急预案相互衔接。

6.1.2.2 组建预案编制团队

预案编制需要组建专业的预案编制团队,包括安全管理人员、技术专家、应急救援人员等。团队成员应具备相关的专业知识和经验,能够全面了解单位的情况和需求,协同工作并制定合理的预案编制方案。团队成员之间需要密切合作,确保预案的质量和有效性。

6.1.2.3 风险评估和分析

在编制应急预案之前,需要进行风险评估和分析,确定可能发生的应急事件和灾害,并评估其可能带来的影响和损失。评估和分析的方法可以包括定性和定量分析,考虑各种可能的风险因素和潜在的危险源。评估结果将为预案编制提供重要的依据。

6.1.2.4 制定资源和设备清单

收集整理应急所需的资源和设备清单,包括消防器材、急救设备、通信设备等,并明确其存放位置和使用方法,评估其在应对突发事件时是否满足使用要求。

6.1.2.5 确定预案编制的程序和流程

在进行预案编制时,需要明确编制的程序和流程,确保编制过程的有序进行。包括信息收集、分析整理、预案的编写和审批,以及预案的发布和培训等环节。在编制过程中,应充分利用各类信息和资源,确保预案的全面性和准确性。

6.1.2.6 制定应急响应组织架构和职责分工

在预案编制中,需要明确应急响应的组织架构和职责分工。确定应急指挥部、应急小组等组织机构,明确各级人员的职责和权限。确保在应急事件发生时,能够迅速组织响应和处置,有效协调各方力量。

6.1.2.7 编写预案内容

预案内容应包括应急响应流程、任务分工、资源调配、信息通信等方面。根据预案编制的目标和范围,编写详细的应急响应步骤和措施,确保预案的操作性和可行性。预案中的信息应准确、清晰,并与实际情况相符合。

6.1.2.8　定期演练和修订预案

预案编制完成后,需要进行定期的演练和修订。通过演练可以验证预案的有效性和可行性,发现问题并及时改进。演练可以采用不同形式,如实地演练、桌面演练,根据实际需要选择合适的形式。

6.1.2.9　建立预案管理和更新机制

预案的管理和更新是预案编制的重要环节。建立预案管理制度,确保预案的存档、保管和更新。预案的更新应根据实际情况和演练的结果进行,及时修订和完善预案内容,保持预案的时效性和有效性。

应急预案编制应当遵循以人为本、依法依规、符合实际、注重实效的原则,以应急处置为核心,体现自救互救和先期处置的特点,做到职责明确、程序规范、措施科学,尽可能简明化、图表化、流程化。

应急预案的编制不是一次性的工作,需要定期检查和修订,以保持其有效性和适应性。通过培训和演练,提高相关人员的应急意识和能力,确保应急预案能够在灾害事件中发挥作用,保障人员安全和减少财产损失。

6.1.3　建筑工程应急预案评审

应急预案评审是对已制定的应急预案进行全面审查和评估的过程,旨在确定预案的有效性、可行性和适应性,发现问题和改进空间,并提供修订预案的依据。规范的应急预案评审程序对于确保评审的全面性、准确性、公正性和客观性,提高评审结果的可操作性和可执行性,保证评审的持续性和可追溯性,促进经验共享和最佳实践的推广都具有重要的意义。同时,规范的评审程序可以提高应急预案的质量和有效性,提升组织和社会的应急管理能力,减少应急事件对人员和财产的损失,保障公共安全和社会稳定。

6.1.3.1　应急预案评审的主要程序

(1)确定应急预案评审工作组。首先,需要确定一个应急预案评审工作组,由具有相关专业知识和经验的人员组成。评审专家应包括应急管理专家、相关部门代表、预案编制人员以及其他利益相关者。在进行应急预案评估之前,需要明确评估的目标和范围。目标可以包括评估预案的完整性、准确性、可操作性等方面,范围可以涵盖预案的各个部分和相关流程。

(2)收集评审材料。将应急预案、编制说明、风险评估、应急资源调查报告及其他有关资料在评审前送达参加评审的单位或人员。

(3)进行评审会议。评审采取会议审查形式,企业主要负责人参加会议,会议由参加评审的专家共同推选出的组长主持,按照议程,对应急预案进行全面的评审。会议应包括讨论、提问和交流的环节,以确保评审的全面性和有效性。表决时,应有不少于出席会议专家人数的三分之二同意方为通过。

(4)评审记录和总结。评审工作组需要记录评审过程中的问题、意见和建议,形成评审意见(经评审组组长签字),附参加评审会议的专家签字表。表决的投票情况应当以书面材料记录在案,并作为评审意见的附件。

（5）评审结果反馈。评审意见应及时反馈给应急预案编制人员和相关部门。他们可以根据评审结果进行相应的修改和改进。

（6）实施改进措施。单位应认真分析研究，按照评审意见对应急预案进行修订和完善。评审表决不通过的，生产经营单位应修改完善后按评审程序重新组织专家评审，生产经营单位应写出根据专家评审意见修改的情况说明，并经专家组组长签字确认。

6.1.3.2 应急预案评审的主要内容

在进行评审过程中，评审专家要全面了解和评估应急预案的质量和有效性，发现潜在的问题和改进空间，并提出相应的改进建议。主要审查的内容有风险评估和应急资源调查的全面性、应急预案体系设计的针对性、应急组织体系的合理性、应急响应程序和措施的科学性、应急保障措施的可行性、应急预案的衔接性。

（1）预案的完整性和准确性评估。评审专家将对应急预案的完整性和准确性进行评估。检查预案是否包含了必要的内容，如组织架构、应急响应流程、任务分工、资源调配、信息通信等，目录、章节、条款的编排和层次是否合理，是否包含必要的内容。评审专家还会审查预案中的信息是否准确、清晰、具体，包括联系人信息、应急资源清单、灾害风险评估等，并与实际情况相符合。

（2）预案的合规性评估。检查预案是否符合国家、地区或行业的应急管理法规，以及相关的国际标准和最佳实践。评审专家还会审查预案是否符合组织内部的政策和要求。

（3）风险评估和应对措施评估。检查风险评估的方法和过程是否科学、全面，是否考虑了各种可能的应急事件和情景。评审专家还会审查应对措施的可行性、有效性和适用性，以确保预案能够应对各种风险和灾害。

（4）预案流程评估。评估预案中的应急响应流程和程序，检查流程的逻辑性、合理性和可操作性，是否明确、清晰和易于理解，是否能够指导实际操作，以确定是否存在不合理或冗余的流程，是否符合实际应急情况和操作要求。

（5）资源调配和协调机制评估。检查预案中是否明确了资源的来源、调配和使用方式，是否考虑了不同资源之间的协调和配合，评估资源的充足性、可行性和合理性，以确定是否需要增加或调整资源的配置。评审专家还会评估预案中的协调机制和合作流程，以确保各相关部门和组织之间能够有效协作和合作。

（6）培训和演练计划评估。检查预案中是否明确了培训的内容、对象、方式和频率，以及演练的目标、场景和流程。评审专家还会评估培训和演练计划的有效性和实施情况，以确保预案的培训和演练能够提高应急响应能力。

（7）信息共享和通信机制评估。检查预案中是否明确了信息的收集、传递和共享方式，以及通信设备和渠道的选择和使用。评审专家还会评估预案中的通信流程和协调机制，以确保信息能够及时、准确地传递和共享。

（8）预案的持续改进评估。基于评估结果，提出具体的改进建议，包括流程的优化、信息的更新、培训的加强等，以提高预案的有效性和可行性。检查预案中是否明确了改进的流程和责任人，以及改进的参考依据和方法。评审专家还会评估预案的改进记录和效果，以确保预案能够不断适应变化的环境和需求。

（9）应急预案的文件管理评估。审查预案的编制、审批、发布和更新流程，以及相关文件的存档和保管情况。评审专家还会评估预案的可访问性和可追溯性,以确保预案文件的有效性和可操作性。

通过对以上内容的评估,可以全面了解和评估应急预案的质量和有效性,发现潜在的问题和改进空间,并提出相应的改进建议。这些评审内容的综合考量可以帮助组织和部门不断改进和完善应急预案,提高应对突发事件的能力和效果。

应急预案评审是应急管理的重要环节,通过对预案的全面评估,可以发现问题、改进预案、提高组织的应急响应能力。评估过程要科学、客观和系统,同时应与风险管理和持续改进相结合,以确保预案的有效性和适应性。定期的复审和持续的改进工作可以保持预案与组织的同步发展,提高组织的整体安全性和应急响应能力。

6.2　建筑工程应急预案内容

应急预案分为综合应急预案、专项应急预案和现场处置方案,这三种类型的应急预案相互补充,共同构成了建筑工程应急管理的体系。综合应急预案提供了整体的应急框架和组织架构,专项应急预案针对特定风险提供了详细的应急指导,而现场处置方案则在具体事件发生时提供了操作指南和实施细节。这样的分类和层级结构有助于建筑工程在突发事件中能够迅速、有效地做出反应,最大限度地减少人员伤亡和财产损失。

6.2.1　综合应急预案

综合应急预案是一种综合性的、全面覆盖各类突发事件和事故的预案,它是针对建筑工程整体安全管理而制定的,涵盖了各种类型的应急情况,包括对应急组织机构、预警与监测、救援与处置、信息报告与发布、事故调查与处理等方面的内容。该预案旨在确保建筑工程在突发事件发生时能够迅速、有效地响应和处置。

综合应急预案是建筑工程应急预案的基础和核心,其内容涵盖了各个方面的应急措施和管理要求,主要包含总则、应急组织机构及职责、应急响应、后期处置、应急保障这几方面。

总则部分主要强调本综合应急预案的目的、适用范围及编制所依据的法律法规、规章,以及有关行业管理规定、技术规范和标准等,并依据事故危害程度、影响范围和生产经营单位控制事态的能力,对事故应急响应进行分级,明确分级响应的基本原则。注意响应分级不可照搬事故分级。

应急组织机构及职责部分需明确应急组织形式(可用图示)及构成单位(部门)的应急处置职责。应急组织机构可设置相应的工作小组,各小组具体构成、职责分工及行动任务以工作方案的形式作为附件。

应急响应部分包含信息报告、预警、响应启动、应急处置、应急支援、应急终止等内容。在信息报告中需明确应急值守电话、事故信息接收、内部通报程序、方式和责任人,向上级主管部门、上级单位报告事故信息的流程、内容、时限和责任人,以及向本单位以外的有关部门或单位通报事故信息的方法、程序和责任人。明确响应启动的程序和方式。根据事故性质、严重程度、影响范围和可控性,结合响应分级明确的条件,可由应急领导小组作出响应启动的决策并宣布,或者依据事故信息是否达到响应启动的条件自动启动。在预警部分中须明确预警启动时预警信息发布渠道、方式和内容,明确作出预警启动后应开展的响应准备工作,包括队伍、物资、装备、后勤及通信,明确预警解除的基本条件、要求及责任人。在响应启动中,明确响应启动后的程序性工作,包括应急会议召开、信息上报、资源协调、信息公开、后勤及财力保障工作。在应急处置中明确事故现场的警戒疏散、人员搜救、医疗救治、现场监测、技术支持、工程抢险及环境保护方面的应急处置措施,并明确人员防护的要求。在应急支援中,明确当事态无法控制情况下,向外部(救援)力量请求支援的程序及要求、联动程序及要求,以及外部(救援)力量到达后的指挥关系。在响应终止中,明确响应终止的基本条件、要求和责任人。

后期处置部分中应明确污染物处理、生产秩序恢复、人员安置方面的内容。

在应急保障部分,应明确通信与信息保障、应急队伍保障、物资装备保障该如何开展工作。

6.2.2　专项应急预案

专项应急预案是为应对某一种或者多种类型生产安全事故,或者针对重要生产设施、重大危险源、重大活动防止生产安全事故而制定的专项工作方案。它主要关注某一特定领域的风险和应急措施,以满足特定场景下的应急需求。在建筑工程中,可以有多个专项应急预案,如火灾专项预案、机械伤害专项预案、高处坠落专项预案等,这些专项预案根据具体的风险因素和应急措施,提供了详细的应急指导和操作流程,以应对特定类型的突发事件。

专项应急方案是应急预案的重要组成部分,是针对某一特定类型的突发事件或事故而制定的预案,其主要内容包括适用范围、岗位职责、响应工作、处置措施以及应急保障。

在适用范围部分除说明专项应急预案适用的范围外,还应说明与综合应急预案的关系。在响应工作部分,需明确响应启动后的程序性工作,包括应急会议召开、信息上报、资源协调、信息公开、后勤及财力保障工作。在处置措施部分,要针对可能发生的事故风险、危害程度和影响范围,明确应急处置指导原则,制定相应的应急处置措施。

6.2.3　现场处置方案

现场处置方案是在突发事件发生时,根据实际情况和现场特点制定的应急处置方案。它是在综合应急预案和专项应急预案的基础上,根据不同生产安全事故类型,针对具体场所、装置或者设施所制定的应急处置措施。现场处置方案主要包括对人员疏散、救援措施、资源调配、沟通协调等方面的具体操作指导。它的目的是在突发事件发生时,能够迅速、有序地组织人员和资源,进行紧急处置和救援工作。

现场处置方案往往以表格的形式出现,主要涉及事故风险描述、应急工作职责、应急处置等内容,特别是在应急处置部分需要根据可能发生的事故及现场情况,明确事故报警、各项应急措施启动、应急救护人员的引导、防止事故扩大的措施及同生产经营单位应急预案的衔接程序。针对可能发生的事故从人员救护、工艺操作、事故控制、消防、现场恢复等方面制定明确的应急处置措施。明确报警负责人、报警电话,上级管理部门、相关应急救援单位联络方式和联系人员,以及事故报告基本要求和内容。

建筑工程应急预案除综合应急预案、专项应急预案和现场处置方案外,往往会有部分内容无法完全清晰阐述,这时可以以附件的形式进行补充说明,一般包含但不仅限于生产经营单位概况、风险评估的结果、预案体系与衔接、应急物资装备的名录、有关应急部门/机构或人员的联系方式、格式化文本、关键的路线、标识和图纸等内容。

6.3　建筑工程应急预案实施与演练

6.3.1　建筑工程应急预案实施

建筑工程应急预案编制评审是确保预案可行性和有效性的重要环节,然而评审过后必须进行有效的实施和推行预案,让每一位员工对预案了然于胸,才能确保预案能够在突发情况下发挥应有的作用,有效保障人员安全、减少财产损失、提升组织形象和信誉、推动安全文化建设以及持续改进和提升,从而提高建筑工程的应急管理水平和安全性。

为确保应急预案可以有效实施和推行,可以从以下几个方面进行控制:

(1)建立实施机制和责任体系。

在实施和推行之前,需要建立明确的实施机制和责任体系。确定应急预案的实施机构和责任人,明确各级人员的职责和权限。建立应急预案管理制度,包括预案的存档、保管、更新和培训等方面。确保实施和推行的有序进行,并形成持续的应急管理体系。

(2)开展培训和演练。

为了提高应急预案的实施能力和效果,必须定期进行培训和演练。培训包括预案的宣传和解读,培养人员的应急意识和应对能力。演练可以采用不同形式,如实地演练、桌面演练、示范性演练等,根据实际需要选择合适的形式。通过培训和演练,提高人员的应急响应能力和预案操作的熟练程度。

(3)制定实施计划和时间表。

制定详细的实施计划和时间表,明确实施的步骤和时间节点,将实施计划分解为具体的任务,指定责任人并设定完成时间。确保实施和推行的进度和效果可控,并进行跟踪和监督。实施计划和时间表可以根据实际情况进行调整和修订,确保实施的顺利进行。

(4)加强资源配置和协调。

实施和推行预案需要充分配置和协调各种资源,包括人员、设备、物资、信息等方面的资源。必须确保资源的充足性和合理性,以支持预案的实施和应急响应的需要。同时,加强内外部的协调和合作,与相关单位、部门和机构进行沟通和协商,形成合力。

(5)定期检查和评估。

通过定期检查,检查预案的执行情况和实施效果,发现问题并及时进行纠正和改进。定期评估可以对预案的有效性和适应性进行全面的评估,发现不足并提出改进建议。检查和评估的结果应及时反馈给相关责任人,并进行跟踪和监督。

(6)不断改进和更新。

根据实际情况和评估结果,不断改进和更新应急预案。及时修订和完善预案的内容,根据新的法律法规和标准进行更新。借鉴其他单位和行业的经验和做法,引入新的技术和方法,提高预案的适应性和科学性,通过不断改进和更新,确保预案与时俱进,提高其有效性和可操作性。

(7)加强宣传和意识培养。

通过内部宣传和培训,提高员工对预案的认识和理解,增强应急意识和安全意识。通过外部宣传,提高社会对建筑工程应急预案的认可和支持。宣传和意识培养应持续进行,形成全员参与、共同推行的氛围。

通过以上方面,可以有效地实施和推行建筑工程应急预案。实施过程中需要注重组织和协调,确保各项任务的顺利进行。同时,要注重实施的可持续性和持续改进,不断提高应急预案的实施效果和水平,为建筑工程的安全和应急管理提供有力支持。

6.3.2　建筑工程应急预案演练

通过模拟真实的灾害情景,开展应急演练,可以发现应急预案中存在的问题,提高应急预案的针对性、实用性和可操作性,完善应急管理标准制度,改进应急处置技术,补充应急装备和物资,提高应急能力,完善应急管理部门、相关单位和人员的工作职责,提高协调配合能力,普及应急管理知识,提高参演人员和观摩人员的风险防范意识和自救互救能力,熟悉应急预案,提高应急人员在紧急情况下妥善处置事故的能力,是验证和评估应急预案的有效性和可行性的重要过程。

《生产安全事故应急预案管理办法》第三十三条中明确指出:生产经营单位应当制定本单位的应急预案演练计划,根据本单位的事故风险特点,每年至少组织一次综合应急预案演练或者专项应急预案演练,每半年至少组织一次现场处置方案演练。

《生产安全事故应急条例》第八条中明确指出:易燃易爆物品、危险化学品等危险物品的生产、经营、储存、运输单位,矿山、金属冶炼、城市轨道交通运营、建筑施工单位,以及宾馆、商场、娱乐场所、旅游景区等人员密集场所经营单位,应当至少每半年组织一次生产安全事故应急救援预案演练,并将演练情况报送所在地县级以上地方人民政府负有安全生产监督管理职责的部门。

应按照国家相关法律法规、标准及有关规定组织,结合生产面临的风险及事故特点,依据应急预案组织开展演练,以提高指挥协调能力、应急处置能力和应急准备能力,确保参演人员、设备设施及演练场所安全有序。

开展应急演练可按照以下基本流程实施。

6.3.2.1　设定演练目标

在进行应急预案演练之前,全面分析和评估应急预案、应急职责、应急处置工作流程和指挥调度程序、应急技能和应急装备/物资的实际情况,提出需通过应急演练解决的内容,明确演练的目标和重点,目标包括测试应急响应流程、评估资源调配能力、提高人员应急意识等,有针对性地确定应急演练目标,提出应急演练的初步内容和主要科目。

6.3.2.2　制定演练计划

确定演练的时间和地点,确保能够提供逼真的演练环境。根据实际需要,选择适合的演练类型,例如桌面演练或现场实操演练。确定参与演练的人员和部门,确保涵盖关键职责和岗位。根据预案中的应急程序和步骤,设计演练的具体内容和场景。

6.3.2.3　演练准备

综合演练通常应成立演练领导小组,负责演练活动筹备和实施过程中的组织领导工作,审定演练工作方案、演练工作经费、演练评估总结以及其他需要决定的重要事项。演练领导小组下设策划与导调组、宣传组、保障组、评估组。根据演练规模大小,其组织机构可进行调整。

准备应急演练必需的文件,包括工作方案、脚本、评估方案、保障方案、宣传方案等。其中,工作方案主要阐述演练目的及要求、事故情景、参与人员及范围、时间与地点、主要工作步骤,指导后续方案执行。脚本一般采用表格形式,主要包含模拟事故情景、处置行动与执行人员、指令与对白、步骤及时间安排、演练解说词等内容,规范应急演练步骤。评估方案主要设置各环节应达到的目标评判标准,规范评估的主要步骤及人员分工,用于评判应急演练效果。保障方案应包括应急演练可能发生的意外情况、应急处置措施及责任部门、应急演练意外情况中止条件与程序。宣传方案主要明确宣传目标、宣传方式、传播途径、主要任务及分工、技术支持。

6.3.2.4　工作保障

按照演练方案和有关要求,确定演练总指挥、策划导调、宣传、保障、评估、参演人员参加演练活动,必要时设置替补人员,明确演练工作经费及承担单位,明确各参演单位所准备的演练物资和器材,根据演练方式和内容,选择合适的演练场地,应尽量避免影响企业和公众正常生产、生活,采取必要安全防护措施,确保参演、观摩人员以及生产运行系统安全,采用多种公用或专用通信系统,保证演练通信信息通畅。

6.3.2.5　演练实施

应急演练正式开始前,根据方案与脚本内容,确认演练所需的工具、设备、设施、技术资料以及参演人员到位,对应急演练安全设备、设施进行检查确认,确保安全保障方案可行,所有设备、设施完好,电力、通信系统正常,对参演人员进行情况说明,使其了解应急演练规则、场景及主要内容、岗位职责和注意事项。

应急演练总指挥宣布开始应急演练后,参演单位及人员按照设定的事故情景,参与应急响应行动,这里应急演练可以分为桌面演练与实战演练,在执行时略有不同。

1. 桌面演练

在桌面演练过程中,演练执行人员按照应急预案或应急演练方案发出信息指令后,参演单位和人员依据接收到的信息,回答问题或模拟推演的形式,完成应急处置活动。通常按照以下四个环节循环往复进行:

(1)注入信息。执行人员通过多媒体文件、沙盘、消息单等多种形式向参演单位和人员展示应急演练场景,展现生产安全事故发生发展情况。

（2）提出问题。在每个演练场景中,由执行人员在场景展现完毕后根据应急演练方案提出一个或多个问题,或者在场景展现过程中自动呈现应急处置任务,供应急演练参与人员根据各自角色和职责分工展开讨论。

（3）分析决策。根据执行人员提出的问题或所展现的应急决策处置任务及场景信息,参演单位和人员分组开展思考讨论,形成处置决策意见。

（4）表达结果。在组内讨论结束后,各组代表按要求提交或口头阐述本组的分析决策结果,或者通过模拟操作与动作展示应急处置活动。

各组决策结果表达结束后,导调人员可对演练情况进行简要讲解,接着注入新的信息。

2. 实战演练

在实战演练过程中,按照应急演练工作方案,开始应急演练,有序推进各个场景,开展现场点评,完成各项应急演练活动,妥善处理各类突发情况,宣布结束与意外终止应急演练。实战演练执行主要按照以下步骤进行:

（1）演练策划与导调组对应急演练实施全过程的指挥控制。

（2）演练策划与导调组按照应急演练工作方案(脚本)向参演单位和人员发出信息指令,传递相关信息,控制演练进程。信息指令可由人工传递,也可以用对讲机、电话、手机、传真机、网络方式传送,或者通过特定声音、标志与视频呈现。

（3）演练策划与导调组按照应急演练工作方案规定程序,熟练发布控制信息,调度参演单位和人员完成各项应急演练任务。应急演练过程中,执行人员应随时掌握应急演练进展情况,并向领导小组组长报告应急演练中出现的各种问题。

（4）各参演单位和人员,根据导调信息和指令,依据应急演练工作方案规定流程,按照发生真实事件时的应急处置程序,采取相应的应急处置行动。

（5）参演人员按照应急演练方案要求,做出信息反馈。

（6）演练评估组跟踪参演单位和人员的响应情况,进行成绩评定并做好记录。

在应急演练实施过程中,出现特殊或意外情况,短时间内不能妥善处理或解决时,应急演练总指挥按照事先规定的程序和指令中断应急演练。

6.3.2.6　演练记录及总结

演练实施过程中,观察演练过程中的表现和问题,并记录下来,以便后续的评估和改进。应急演练结束后,演练组织单位应根据演练记录、演练评估报告、应急预案、现场总结材料,对演练进行全面总结,总结演练的经验和教训,形成改进意见和建议,为应急预案的修订提供参考,并归档保存。

6.3.2.7　持续改进

根据演练评估的结果和总结的经验,及时对应急预案进行改进和修订。改进包括流程的优化、指挥体系的调整、培训的加强等。

应急预案演练是一项重要的应急管理活动,通过演练可以发现问题、强化应急能力、提高组织成员的应急意识和技能。演练的过程需要真实、严谨和科学,演练结果的评估和总结为应急预案的修订和改进提供了宝贵的经验和参考。定期进行应急预案演练,可以不断提升组织的应急响应能力,确保在灾害事件中能够迅速、有效地做出应对措施,保障人员的生命安全和财产利益。

6.4　建筑工程应急预案评估与改进

6.4.1　建筑工程应急预案评估

建筑工程应急预案评估是对已制定的应急预案进行全面、系统的检查和评估。定期评估是确保预案持续有效性和适应性的重要环节,发现预案中存在的问题和不足,并采取相应的改进措施,以确保其科学性、可行性和有效性。

6.4.1.1　应急预案评估的一般步骤

(1)确定评估的频率和时间点。

评估的频率可以根据单位的特点和风险情况来确定,一般建议每年至少进行一次评估,可以选择在单位的安全管理体系评审、演练后或重大事件发生后进行评估。

(2)确定评估的范围和内容。

在进行评估之前,需要明确评估的范围和内容。评估的范围包括预案的完整性、准确性、可操作性等方面,以及预案的应对能力和适应性。评估的内容根据具体情况确定,包括预案的流程和步骤、职责和权限、资源调配等方面。

(3)收集评估所需的信息。

评估过程中需要收集相关的信息,包括预案的编制和修订记录、演练的结果和总结、应急事件的发生和处置情况等,可以通过查阅文件和记录、开展调查和访谈等方式收集信息。同时,还可以借助现代技术手段,如应急管理信息系统、数据分析工具等,提高信息收集的效率和准确性。

(4)进行评估分析。

在收集到评估所需的信息后,需要进行评估分析,可以采用定性和定量的方法,对预案的各个方面进行评估。例如,通过对预案的流程和步骤进行分析,检查其逻辑性和合理性;通过对职责和权限进行核查,评估其协调性和有效性;通过对资源调配进行分析,判断其合理性和可行性等。

(5)发现问题和改进点。

在评估分析的过程中,可能会发现预案中存在的问题和改进点,这些问题包括预案的不完整、不准确、不合理等方面,以及预案的应对能力和适应性不足等问题。需要将这些问题详细记录下来,并分类和分析,为后续的改进提供依据。

(6)提出改进建议。

根据评估分析的结果,可以提出相应的改进建议,改进建议应具体、可行,并与评估发现的问题相对应。建议包括完善预案的流程和步骤、优化职责和权限、调整资源配置等方面。同时,还可以参考其他单位的经验和做法,借鉴行业标准和最佳实践,提出更全面和有效的改进建议。

（7）实施改进措施。

在提出改进建议后，需要制定具体的改进措施，并实施。改进措施包括修订预案的内容、完善应急响应流程、加强人员培训和演练等方面。改进措施的实施应有明确的时间表和责任人，并进行跟踪和监督，确保改进措施的有效性和落实。

（8）定期复评估。

改进措施实施后，需要定期进行复评估，检查改进的效果和效果的持续性。复评估的频率可以根据实际情况进行调整，一般建议每年进行一次复评估，复评估的过程类似于初次评估，重点关注改进措施的实施情况和效果，发现问题并及时进行修正和改进。

6.4.1.2　评估应急预案的内容

评估内容包括预案的完整性、合规性、可操作性、适用性和实施效果等方面。

（1）评估应急预案的完整性。

完整的应急预案应包括总则、适用范围、应急组织机构及职责、应急响应、预警、应急处置、应急支援、后期处置和应急保障等内容，评估者需要检查预案是否涵盖了所有必要的方面，是否存在遗漏或重复的内容，并与相关法律法规、标准和规范进行对照，确保预案的完整性。

（2）评估应急预案的合规性。

应急预案需要符合相关法律法规、标准和规范的要求，评估者需要核对预案中的各项措施是否符合法规要求，包括安全生产法、建筑法、消防法等相关法律法规的规定。同时，还需要与相关行业标准和规范进行对照，确保预案的合规性。

（3）评估应急预案的可操作性。

可操作性是指预案中的各项措施是否能够在实际应急情况下有效执行，评估者需要对预案中的应急措施进行具体分析，检查其操作步骤是否清晰明确，是否存在操作难度大或不切实际的情况。同时，还需要评估预案中的资源配置是否合理，是否能够满足实际应急需求。

（4）评估应急预案的适用性。

适用性是指预案是否能够适应不同类型和规模的应急情况，评估者需要根据建筑工程的特点和实际情况，评估预案在不同应急情况下的适用性。例如，针对火灾、地震、爆炸等不同类型的应急情况，评估者需要检查预案中的应急措施是否具有针对性和实效性。

（5）评估应急预案的实施效果。

实施效果是指预案在实际应急情况下的应用效果，评估者可以通过模拟演练、实地考察等方式，对预案的实施情况进行评估。评估者需要检查预案的执行情况、反应速度、协调配合等方面的表现，并结合演练结果和实际应急事件的处理情况，评估预案的实施效果。

通过定期评估，可以发现应急预案中存在的问题和不足，并采取相应的改进措施，提高预案的有效性和适应性。评估的过程应科学、系统，并与实际情况相结合，确保评估的结果能够为预案的改进提供有益的参考。同时，应密切关注相关的法律法规和标准的更新，及时修订预案，以适应不断变化的应急管理需求。

6.4.2　建筑工程应急预案改进

在《生产安全事故应急预案管理办法》第三十六条中明确指出,有下列情形之一的,应急预案应当及时修订并归档:

(1)依据的法律、法规、规章、标准及上位预案中的有关规定发生重大变化的。

(2)应急指挥机构及其职责发生调整的。

(3)安全生产面临的风险发生重大变化的。

(4)重要应急资源发生重大变化的。

(5)在应急演练和事故应急救援中发现需要修订预案的重大问题的。

(6)编制单位认为应当修订的其他情况。

除法律法规要求的修订情形外,随着社会的不断发展和变化,灾害和紧急情况的风险也在增加,应急预案需要与时俱进,根据应急预案定期评审情况及时修订改进,提高组织的应急响应能力,以应对新的威胁和挑战。改进应急预案的方法多种多样,下面介绍一些常见的方法和关键注意事项。

6.4.2.1　定期复审和评估

对现有的应急预案进行定期复审和评估是改进的基础,通过评估预案的完整性、准确性和可操作性,可以发现问题和改进空间。评估的结果应该及时反馈给相关人员,并制定改进计划。

6.4.2.2　经验总结和教训学习

在实际应急事件中,经验总结和教训学习是改进预案的重要途径,通过对过去事件的分析和反思,可以发现预案中存在的不足和改进的方向。将这些教训纳入预案改进的过程中,可以提高预案的实用性和适应性。

6.4.2.3　多方参与和反馈

应急预案改进需要多方参与和反馈,包括预案编制人员、应急响应人员、管理层和关键利益相关者等。他们的参与和反馈可以提供更全面、客观的评估结果,并增加预案的可接受性和可行性。

6.4.2.4　持续改进和更新

应急预案是一个动态的文件,需要持续改进和更新,通过定期的复审和评估,及时修订和更新预案,确保其与组织的变化和发展保持同步。同时,应关注新兴威胁和技术的变化,及时引入新的应对措施和方法。

6.4.2.5　演练和实践

演练和实践是改进预案的重要手段,通过定期组织演练和模拟演练,可以检验预案的可行性和有效性,发现问题并进行改进。演练应包括不同类型的灾害情景和应急响应流程,以提高应急人员的应对能力和团队协作能力。

6.4.2.6　制定改进计划和目标

在进行预案改进时,应制定明确的改进计划和目标,将改进的重点和优先级确定下来,并制定具体的改进措施和时间表。同时,要确保改进计划与组织的整体战略和目标相一致。

6.4.2.7　培训和意识提升

应急预案的改进还需要注重培训和意识提升,通过培训应急人员的技能和知识,提高其应对灾害的能力。同时,通过宣传和意识提升活动,增强组织成员对应急预案的认识和重视程度。

6.4.2.8　与相关部门和机构合作

在进行预案改进时,应与相关部门和机构进行合作,他们可能具有丰富的经验和资源,可以提供宝贵的意见和建议。与其他组织的合作还可以促进经验交流和最佳实践的分享。

6.4.2.9　风险管理的整合

应急预案改进应与风险管理相结合,通过评估和管理潜在的风险和威胁,可以制定相应的应对措施,并将其纳入预案改进的过程中。这样可以提高预案的针对性和实效性。

6.4.2.10　持续监测和反馈

改进预案后,应持续监测和反馈改进效果,通过收集和分析数据,评估改进措施的有效性和成效。根据监测结果,及时调整和优化改进计划,以保持预案的持续改进和适应性。

总之,应急预案改进是一个持续的过程,需要不断地进行复审、评估和改进,通过定期复审、经验总结、多方参与和持续改进,可以提高预案的实用性、适应性和有效性,从而提高组织的应急响应能力和灾害应对效率。

6.5　建筑工程应急预案协同与整合

6.5.1　建筑工程应急预案协同

协同是指不同部门、组织和利益相关者之间的合作和协调。在应对灾害和紧急情况时,单一部门或组织的力量是有限的,需要多方合作才能应对复杂的挑战。应急预案协同可以实现资源的共享、信息的交流和协调的行动,提高应急响应的效率和灾害应对的能力。在应急预案协同时需注意以下几点:

(1)多部门和组织的参与。

应急预案协同涉及多个部门和组织,包括政府部门、执法机构、救援机构、医疗机构、公共事业部门等。各部门和组织应明确各自的职责和角色,并建立有效的沟通和协调机制。

(2)协同合作的协议。

在进行应急预案协同时,各部门和组织应制定合适的协议。这些协议应明确各方的权责、资源共享和信息交流的方式,以确保协同合作的顺利进行。

(3)统一的指挥和协调机构。

在应急响应中,必须要建立一个统一的指挥和协调机构。这个机构可以由各部门和组织的代表组成,负责指挥和协调整个应急响应过程。统一的指挥结构可以提高决策的效率和协调的一致性。

（4）共享信息和情报。

应急预案协同需要建立共享信息和情报的机制,各部门和组织应及时共享相关的信息和情报,包括灾害情况、资源状况、人员伤亡情况等。这样可以提高各方对灾情的了解和应对的准确性。

（5）资源的协调和共享。

在应急响应中,资源的协调和共享是非常重要的。各部门和组织应共同协调资源的调配和利用,确保资源的合理分配和最大化利用,包括人员、物资、设备和技术等方面的资源。

（6）联合演练和培训。

联合演练和培训是促进应急预案协同的有效手段。各部门和组织应定期组织联合演练,模拟真实的灾害情景,检验协同合作的能力和应急预案的有效性。同时,还应提供联合培训,加强各方的应急技能和知识。

（7）建立紧急联系人和通信网络。

在应急响应中,各部门和组织应指定紧急联系人,建立紧急联系人和通信网络,确保在紧急情况下能够及时联系和沟通。同时,还应建立可靠的通信网络,包括无线通信、互联网和卫星通信等,以保障信息的畅通。

（8）定期评估和改进。

各部门和组织应定期复审协同合作的效果和预案的有效性,发现问题并进行改进。评估的结果应及时反馈给相关人员,并制定改进计划和措施。

（9）充分考虑利益相关者的需求。

在进行应急预案协同时,应充分考虑利益相关者的需求和意见,包括受灾群众、社区组织、志愿者团体等。通过与利益相关者的密切合作,可以更好地满足他们的需求,提高协同合作的效果和灾害应对的质量。

（10）持续改进和学习。

应急预案协同是一个持续改进和学习的过程,各部门和组织应不断总结经验教训,学习最佳实践,不断改进协同合作的方式和方法。通过持续改进和学习,可以提高应急响应的效率和灾害应对的能力。

总之,应急预案协同是实现高效、有效应急响应和灾害应对的关键,通过多部门和组织的参与、协同合作的协议、统一的指挥和协调机构、共享信息和情报、资源的协调和共享等方法,可以实现应急预案协同的目标。同时,还需要持续改进和学习,充分考虑利益相关者的需求,以提高协同合作效果和灾害响应的整体效率。

6.5.2　建筑工程应急预案整合

在应对灾害和紧急情况时,各个部门和组织往往都有自己的应急预案,但这些预案之间可能存在重叠、冲突或缺乏协调。应急预案整合是指将各个部门、组织和利益相关者的应急预案进行整合和协调,各方的资源、能力和职责形成一个统一的、协调一致的应急响

应体系,以提高应急响应的效率和灾害应对的能力。在这里需要注意以下几点:

（1）确定整合的目标和原则。

在进行应急预案整合时,首先需要明确整合的目标和原则,确保整合后的预案能够高效运作、协调一致,充分利用各方的资源和能力,提高灾害应对的能力和效果。同时,还需要考虑各方的权责和利益,确保整合过程的公平和合理性。

（2）建立整合的指挥和协调机构。

应急预案整合需要建立一个统一的指挥和协调机构。这个机构可以由各部门和组织的代表组成,负责整合各方的预案和资源,协调应急响应的行动。整合的指挥和协调机构应具备决策权和协调能力,能够有效地指挥和协调各方的行动。

（3）分析和比较各方的预案。

在进行应急预案整合时,需要对各方的预案进行分析和比较,包括预案的内容、流程、资源需求等方面的比较。通过对各方预案的分析和比较,可以找出各方预案之间的差异和重叠,为整合提供依据和指导。

（4）协商和制定整合方案。

基于对各方预案的分析和比较,应急预案整合需要进行协商和制定整合方案,各方应明确各自的职责和角色,确定资源的整合和分配方式,协商解决预案之间的冲突和差异。整合方案应充分考虑各方的需求和利益,确保整合后的预案能够顺利执行。

（5）建立统一的应急预案。

应急预案整合的最终目标是建立一个统一的应急预案。这个预案应综合各方的预案内容,明确各方的职责和行动流程,确定资源的整合和分配方式,制定应急响应的指挥和协调机制。统一的应急预案应具备灵活性和适应性,能够应对各种类型的灾害和紧急情况。

（6）建立信息共享和通信机制。

各方应建立可靠的通信网络,包括无线通信、互联网和卫星通信等,确保在应急情况下能够及时联系和沟通。同时,还需要建立信息共享的平台和机制,及时共享灾害情况、资源状况、人员伤亡情况等信息,以支持整合后的应急响应。

（7）联合演练和培训。

联合演练和培训是促进应急预案整合的有效手段,各方应定期组织联合演练,模拟真实的灾害情景,检验整合后的预案和协调机制的有效性。同时,还应提供联合培训,加强各方的应急技能和知识,提高应急响应的能力。

（8）定期评估和改进。

各方应定期复审整合后的预案和协调机制,发现问题并进行改进。评估的结果应及时反馈给相关人员,并制定改进计划和措施。通过定期评估和改进,可以不断提高整合后的预案和协调机制的效果和能力。

（9）充分考虑利益相关者的需求。

在进行应急预案整合时,应充分考虑利益相关者的需求和意见,包括受灾体、社区组织、志愿者团体等。通过与利益相关者的密切合作,可以更好地满足他们的需求,提高整合后的预案和协调机制的质量和可行性。

(10)持续改进和学习。

各方应不断总结经验教训,学习最佳实践,不断改进整合后的预案和协调机制。通过持续改进和学习,可以提高应急响应的效率和灾害应对的能力。

总之,应急预案整合是实现高效、有效应急响应和灾害应对的关键,通过确定整合的目标和原则、建立整合的指挥和协调机构、分析和比较各方的预案、协商和制定整合方案等方法,可以实现应急预案的整合和协调。同时,还需要建立信息共享和通信机制、进行联合演练和培训、定期评估和改进,充分考虑利益相关者的需求,以持续改进和学习的态度推动应急预案整合的进展。

第 7 章　建筑工程应急响应与处置

建筑工程应急响应与处置的重要性不言而喻,它是在建筑工程发生突发事件或事故时,及时采取措施、组织资源、协调救援和处置的过程。建筑工程应急响应与处置的首要目标是保障人员的生命安全,在应急事件发生时,通过迅速疏散人员、提供急救和医疗救援等措施,最大限度地减少人员伤亡。合理的应急响应与处置可以有效控制事故发展,通过及时采取措施,避免事故扩大范围和进一步损失。同时,应急响应与处置的及时有效对于保障社会的稳定和秩序至关重要。

7.1　建筑工程应急响应与处置的原则

7.1.1　人员安全为首要原则

应急响应与处置的首要作用是保障人员的生命安全。在应急事件发生时,迅速启动应急预案,组织人员疏散、提供急救和医疗救援等措施,最大限度地减少人员伤亡。通过建立应急通道、设置疏散标识和逃生设施等,提高人员疏散的效率和安全性。

7.1.2　快速响应原则

快速响应原则指建筑工程应急管理部门在发生突发事件时,需要迅速启动应急预案,及时采取行动。快速响应可以减少事故范围的扩大,降低损失。应建立应急响应机制,制定应急预案,明确各部门、单位的职责和行动方案。提高应急响应能力,加强人员培训和演练,提高人员的应急意识和能力。建立指挥体系,明确指挥关系和协调机制,确保应急响应的统一指挥和协调行动。

7.1.3　综合协调原则

综合协调原则指应急管理部门需要与各相关部门、单位和人员之间进行协调与合作。通过建立协调机制和指挥体系,确保各方的行动一致,提高应对突发事件的效果。应建立协调机制,与相关部门、单位建立合作关系,明确各方的职责和协作方式。加强信息共享与沟通,建立信息共享平台,及时传递和交流相关信息,提高协调效率。统一指挥与协调,建立指挥体系,明确指挥关系和协调机制,确保应急响应的统一指挥和协调行动。

7.1.4　风险评估与预警原则

风险评估与预警原则指在建筑工程应急响应之前,需要进行风险评估和预警工作,了解潜在风险和可能发生的灾害类型。基于评估结果,制定相应的应急预案和处置方案。应进行风险评估,分析建筑工程可能面临的风险和灾害类型,评估其严重程度和可能影响范围。建立预警机制:建立监测设备和预警系统,及时掌握潜在风险的动态,提前预警。制定应急预案和处置方案:根据风险评估结果,制定相应的应急预案和处置方案,明确应对措施和行动步骤。

7.2　建筑工程应急响应机构与职责

建筑工程应急响应组织与指挥是保障应急响应效能和协调行动的关键,一般由应急组织机构来承担。应急组织机构通常包括总指挥、副总指挥及各应急工作小组,下设应急抢险组、警戒疏散组、医疗救护组、污染控制组、后勤保障组等。

在建筑工程应急响应组织与指挥中需要明确统一领导和协调机制,统一领导可以确保指挥决策的一致性和效率,协调机制可以促进各部门、单位之间的合作与配合;需要明确各部门、单位和人员的职责和行动方案,分工明确、合作紧密可以提高应急响应的协调性和效率;需要具备灵活应变的能力,根据事态发展做出快速决策,灵活应变和快速决策可以减少损失,保障人员生命安全和财产安全。

事故发生时应急组织机构自动转为现场应急指挥部,应急总指挥由应急领导小组组长担任,副总指挥由应急领导小组副组长担任,在总指挥调度下开展单位的应急处置工作;总指挥和副总指挥不在时,由现场最高职务者担任现场指挥;现场最高职务者有权在遇到险情时,进行力所能及的初期处置后,组织员工停产撤离;夜间及节假日,单位值班领导行使应急总指挥职责。

应急领导小组负责指挥、协调各应急小组迅速、有效地实施应急处置工作,全力控制事故灾难的发展态势,防止次生、衍生和耦合事故(事件)的发生,并果断控制及切断事故灾害性的扩散。如上级应急指挥机构领导到达应急现场,应急总指挥应立即向其报告事故发生及处置情况,并移交现场应急指挥权。

7.2.1　应急领导小组组长(总指挥)职责

(1)决定是否存在或可能存在重大紧急事故,是否请求上级应急机构提供帮助。

(2)进行应急实施的直接操作控制。

(3)复查和评估事件的可能发展方向,确定可能的发展过程。

(4)与副总指挥和应急指挥部成员配合,指挥事故现场人员的撤离。

(5)与公安、消防人员及地方政府取得联系。

(6)给新闻媒介发送有权威的信息。

7.2.2　应急领导小组副组长(副总指挥)职责

(1)协助组长评估事故的规模和发展态势。

(2)建立应急步骤,确保职工生命安全和单位财产损失。

(3)在消防队到来之前,组织救护和灭火活动。

(4)设立应急工作小组的通信联系点。

(5)在总指挥到来之前担当起其责任。

7.2.3　应急抢险组职责

(1)负责现场应急救援抢险工作。

(2)负责现场消防灭火、冷却等工作。

(3)负责采取技术措施处置事故。

(4)负责现场被困人员、受伤人员抢救工作。

7.2.4　警戒疏散组职责

(1)负责对事故区域进行封锁,设置警戒区域,严禁无关人员进入事故现场。

(2)负责组织人员疏散至安全地带并核点人数,如对周边单位有影响,应及时通知周边单位人员进行疏散。

(3)负责内外部通信联络。

(4)负责消防通道畅通,引导救援人员、消防人员、救护人员等进入事故现场。

(5)完成总指挥交给的临时任务。

7.2.5　医疗救护组职责

(1)事故发生后负责对受伤人员尽可能进行有效救治,对重伤者及时送医院抢救和治疗。

(2)负责与有关的医疗单位、医院进行联系。

(3)完成总指挥交给的临时任务。

7.2.6　污染控制组职责

(1)配合事故区域大气环境监测,提供警戒范围依据。

(2)负责将泄漏或处置产生的污水引流至废水处理系统或事故池。

(3)负责与外部环境监测机构联系,协助对单位周边和事故区域大气环境质量进行监测。

(4)负责关闭雨排阀门,防止事故水进入外环境。

7.2.7　后勤保障组职责

(1)按总指挥指示,开设现场指挥部。

(2)在事故发生时,提供工具、防护用品等应急器材协助救援,提供突发情况下救援人员的生活保障。

(3)根据事故程度及影响范围,及时向周边单位联系,及时调用救援设备、器材等。

(4)完成总指挥交给的临时任务。

这里仅举例部分工作小组及其职能,单位应根据自身实际情况,设置符合自身情况的应急组织机构,并合理安排职责。

7.3　建筑工程应急事件响应流程

在突发事件发生时,迅速采取行动以应对和处理事件,确保人员的安全撤离,提供紧急救援和医疗服务,保护建筑物和设备,能够最大限度地减少人员伤亡和财产损失,维护社会的稳定和秩序,可以树立良好的形象和信誉,增强公众对该组织的信任和支持。

在突发事件发生时,应按照应急预案中既定的流程与标准开展响应,包括信息报告、预警、应急响应、应急处置、应急支援、响应终止等。

7.3.1　信息报告

7.3.1.1　信息接收

单位应明确应急值班电话,并告知所有场内工作人员,应急组织机构成员用手机或座机电话进行联系,应急组织机构成员手机必须 24 h 开机。在突发事件发生时,现场发现人员应立即通告周围人员,并采用最快捷的方式向部门主管或单位 24 h 应急班电话报告,主管应迅速对情况进行判断和确认,根据事故类型及严重性上报应急领导小组;应急领导小组决定是否启动应急预案,如果是较大火警或者爆炸事故,应同时请求外部消防救援。

在接到事故信息报告后,应记录报告时间、报告人、报告事故内容。紧急情况下,现场工作人员可直接拨打 110、119、120 等公共救援电话。应急领导小组组长接到事故报警电话后,应及时了解事故险情及状态,迅速赶往事故现场。

7.3.1.2　信息上报

应急领导小组接到事故报告后,按照事故等级划分应立即启动相关应急预案,或者采取有效措施,组织抢救,防止事故扩大,避免或减少人员伤亡和财产损失;若事故超过本单位应急处置能力,应急领导小组组长应上报地方人民政府和相关职能部门,请求支援。若发生重大生产安全事故,应急领导小组应电话联系地方人民政府值班室及应急管理局和业务主管部门,并报告事故情况,最迟不应超过 1 h,报告内容包括:

(1)事故发生的单位概况。

(2)事故发生的时间、地点以及事故现场情况。

(3)事故的简要经过。

(4)事故已造成或可能造成的伤亡人数(包括下落不明人数和涉险人数)和初步估计的直接经济损失。

(5)向社会力量和外部救援单位求援情况。

(6)事故具体情况暂时不清楚的,可以先报事故概况,随后续报事故全面情况。

(7)已经采取的措施。

7.3.1.3　信息传递

事故可能会影响到周边单位、村庄时,应急领导小组应立即以最便捷的方式向周边单位、村庄通报,随后形成书面材料详细通报,与外界新闻舆论信息沟通也由应急领导小组全权负责。

7.3.1.4　信息处置与研判

（1）事故发生后，现场人员应采用最快捷的方式报告现场主管，再由现场主管报告应急领导小组，并由应急领导小组根据事故性质、严重程度、影响范围和可控性，结合响应分级条件，作出响应启动的决策并宣布。

（2）若未达到响应启动条件，由应急领导小组作出预警启动的决策，做好响应准备，实时跟踪事态发展。

（3）若响应启动，应急领导小组应跟踪事态发展，科学分析处置需求，及时调整响应级别，避免响应不足或过度响应。

7.3.2　预警

7.3.2.1　预警类型

1. 人员安全巡视预警

各岗位操作人员对所在岗位上的设备设施进行不定时安全巡检并记录在案，在巡视过程中如发现设备异常、存在安全隐患等状况，应及时通知当班负责人，做出相应处置措施，当超出自身处置能力时，应及时上报部门负责人及单位办公室。在巡视过程中如发现火灾、人员伤亡等情况，可通过电话、岗位事故报警装置等方式直接上报办公室。

2. 政府部门气象、地质灾害预警

政府气象部门等有关政府机关通过广播、电视、报纸等媒体发布气象或者地质灾害预警，得知预警信息的人员应立即上报、通知办公室，做好应急响应、准备和防护措施，防范事故发生。

3. 周边单位预警

周边单位发生事故后（火灾等大型事故），事故发现人员迅速报告单位应急指挥部。

7.3.2.2　预警启动

1. 预警条件 1

预警条件主要包括：有发生事故征兆；仪器报警；政府部门已经发出的相关预警等，事故影响较小，当班人员能控制事态发展及有效进行应急处置。

1）预警程序

（1）事故现场人员应大声喊话，通知相邻工作岗位人员注意事故状态。

（2）事故现场人员立即电话报告部门当班管理人员。

（3）当班管理人员视事态发展情况报告应急指挥部。

2）预警内容

（1）发生事故的部门、时间、地点、位置和事故类型。

（2）伤亡情况及事故直接经济损失的初步评估。

（3）事故的初步原因判断。

（4）事故发展趋势，可能影响的范围。

（5）采取的应急抢救措施。

2. 预警条件 2

预警条件主要包括：已发生事故，事故不波及单位周边；仪器报警；厂区内发出的预警信息;政府部门已经发出的相关预警等,本单位能控制事态及有效进行应急处置。

1)预警程序

(1)事故现场人员立即电话报告当班管理人员或应急指挥部。

(2)办公室负责通知各应急救援小组,向事故灾害影响范围内的单位人员通报事故情况。

(3)办公室负责向上级主管部门和地方人民政府报告事故信息。

2)预警内容

(1)发生事故的单位、时间、地点、位置和事故类型。

(2)伤亡情况及事故直接经济损失的初步评估。

(3)事故的初步原因判断。

(4)事故发展趋势,可能影响的范围。

(5)采取的应急抢救措施。

3. 预警条件 3

预警条件主要包括:区域内发出的预警信息;事故波及单位周边;本单位无力控制事态及有效进行应急处置。

1)预警程序

(1)事故现场人员立即电话报告当班管理人员或应急指挥部。

(2)办公室负责通知各应急救援小组,向事故灾害影响范围内的人员通报事故情况。

(3)办公室负责向上级主管部门和地方人民政府报告事故信息。

(4)办公室负责向有关部门或单位通报事故信息。

2)预警内容

(1)发生事故的单位、时间、地点、位置和事故类型。

(2)伤亡情况及事故直接经济损失的初步评估。

(3)事故的初步原因判断。

(4)事故发展趋势,可能影响的范围。

(5)采取的应急抢救措施。

(6)需要有关部门和单位协助救援抢险的事宜。

7.3.2.3 响应准备

在接到预警并且分析研判后,按照应急响应分级,准备启动应急预案。迅速按照应急组织机构成立指挥部,并对单位的应急资源进行调配,后勤保障组将单位应急救援物资准备就绪,抢险救援组保持随时待命状态。

Ⅰ级和Ⅱ级应急响应由应急领导小组组长担任现场应急总指挥,Ⅲ级应急响应由部门负责人担任现场应急总指挥。

单位Ⅰ级事故启动Ⅰ级应急响应,由单位应急领导小组组织应急抢险,启动相应的事故专项应急预案或现场处置方案;应急领导小组组长需立即向上级应急部门报告事故及抢险情况。单位Ⅱ级事故启动Ⅱ级应急响应,由单位应急领导小组组织应急抢险,启动相应的综合应急预案或专项应急预案或现场处置方案。单位Ⅲ级事故启动Ⅲ级应急响应,由部门或班组配合应急抢险组进行事故抢险,启动相应的专项应急预案或现场处置方案,并及时向应急领导小组组长汇报事故情况。对于超过Ⅱ级的事故,单位要立即向上级部门报告请求支援,请求启动市级应急响应。

7.3.2.4 预警解除

社会级预警由政府或管理部门宣布预警解除,单位级预警由应急总指挥宣布预警解除。

7.3.3 应急响应

应急响应是指在突发事件或紧急情况下,组织和个人采取一系列预定的行动来应对和处理,以保护人员的生命安全、减少财产损失,并恢复正常的运行状态。根据预警分析研判结果,确定响应级别。应急响应的过程分为接警、警情判断、应急启动、应急指挥、应急行动、资源调配、应急避险、事态控制、扩大应急、应急终止和后期处置等。明确响应启动后的程序性工作,包括应急会议召开、信息上报、资源协调、信息公开、后勤及财力保障工作。

在响应过程中,应急指挥部应及时启动单位应急预案,迅速指派应急救援有关人员到达事故现场,组成现场应急指挥部,指挥事故现场的抢险救灾工作。根据现场需求,组织调动、协调各方面的应急救援力量,包括向政府有关部门和应急指挥部请求支援,迅速收集现场信息,核实现场情况,组织制定专项应急预案或现场处置方案并负责实施,协调现场内外部应急资源,统一指挥抢险工作,并根据现场变化及时调整方案。发生事故部门应立即启动专项应急预案或现场处置方案,根据事故的性质和程度,组织对受伤人员的前期抢救,或撤离人员。

7.3.4 应急处置

7.3.4.1 应急处置的基本原则

(1)"先救人、后抢险"的原则。在突发事故中,如果有人员受伤,应该优先进行人员救援工作,确保伤员的生命安全。只有在救助伤员后,才能进行抢险工作。此原则强调人的生命安全是第一位的。

(2)"先防险、后救人"的原则。当事故仍在发展或未得到控制时,应优先采取安全保护措施,以防止事故进一步扩大和危害更多的人员。只有在采取了必要的安全措施后,才能进行人员救援工作。

(3)"先防险、后抢险"的原则。在进行抢险作业时,应急救援人员必须采取可靠的防护措施,确保自身的安全,包括佩戴适当的防护装备、使用安全工具和设备等。保护救援人员的生命安全是抢险工作的前提条件。

(4)"先抢险、后清理"的原则。只有在控制事故继续发展并消除险情的情况下,经过应急领导小组批准后,才能进行事故现场的清理工作。清理工作必须在确保没有次生灾害的情况下进行,以防止进一步的危险和损失。

7.3.4.2 应急处置程序

应急处置程序是指在突发事件发生时,按照一定的步骤和流程进行应急响应和处置的过程。以下是一般情况下的应急处置程序:

(1)现场确认,警戒疏散。一旦发生突发事件,首先需要确认现场的情况,包括事故类型、规模和影响范围等。同时,根据事故性质和危险程度,确定警戒区域并进行人员疏散。这一步骤的目的是确保人员的安全,并防止事故扩大蔓延。

(2)救援方案确定、实施。根据现场情况和应急预案,制定救援方案。救援方案包括救援的具体措施、任务分工、资源调配等内容。根据救援方案,组织救援人员进行救援行动,包括人员救援、抢险救灾、物资调配等。

(3)医疗救治。在突发事件中,可能会有人员受伤或生病,需要进行紧急的医疗救治。救援人员需要及时进行伤员的初步救治,并将重伤员转移到医疗机构进行进一步救治。医疗救治的目的是保护人员的生命安全和健康。

(4)现场检测,环境保护。突发事件可能导致环境污染或危险物泄漏,需要进行现场环境检测和保护措施。救援人员需要进行空气、水质、土壤等方面的检测,评估环境风险,并采取相应的措施进行环境保护,防止进一步的污染和危害。

(5)信息发布。及时、准确地发布事故信息对公众和相关方十分重要,应急响应人员需要根据情况,发布事故的相关信息,包括事故性质、影响范围、应对措施等。信息发布应准确、清晰,并及时更新,以便公众了解事态发展和采取相应的行动。

(6)后勤保障。在应急处置过程中,需要有充足的后勤保障,包括救援人员食宿的提供、交通工具的保障、物资的调配和补给等。后勤保障的目的是确保救援行动的顺利进行,提供必要的支持和保障。

以上是一般情况下的应急处置程序,具体的步骤和流程根据不同的突发事件类型和应急预案的要求而有所不同,在实际应急处置中,需要根据具体情况灵活调整和执行应急处置程序。

7.3.4.3　事故处置要求

(1)快速响应和行动。应急响应人员需要能够迅速响应事故,及时到达现场,并立即展开应急处置工作,应当具备快速判断和决策的能力,能够迅速采取行动,控制事态发展。

(2)安全意识和自我保护。在事故处置过程中,应急响应人员的安全是至关重要的,需要具备良好的安全意识,了解事故现场的危险性,并采取适当的个人防护措施,确保自身安全。

(3)组织协调和团队合作。应急响应人员需要具备良好的组织和协调能力,能够组织和指挥救援人员进行协同工作,需要与相关部门、机构和人员进行有效的沟通和协作,确保资源的合理调配和信息的及时传递。

(4)熟悉应急预案和程序。应急响应人员需要熟悉事故应急预案和处置程序,了解自己的职责和任务,需要按照预案和程序的要求进行工作,确保应急处置工作的有序进行。

(5)专业知识和技能。应急响应人员需要具备相关的专业知识和技能,包括事故应急处置的理论知识、救援技术、危险源控制等,通过培训和演练不断提升自己的专业水平,以应对各类事故和突发事件。

(6)信息发布和公众安抚。应急响应人员需要及时、准确地发布事故信息,向公众传递相关信息,避免恐慌和不必要的误解;需要与公众进行有效的沟通,安抚受影响的群众,提供必要的帮助和支持。

(7)事故调查和总结。事故处置完成后,应急响应人员需要进行事故调查和总结工作。通过事故调查,可以了解事故的原因和责任,并提出相应的改进措施,以防止类似事故再次发生。同时,对应急响应和处置过程进行总结,发现问题并提出改进建议,以提高应急响应和处置的效率和水平。

(8)持续学习和提升。应急响应人员应当具备持续学习和自我提升的意识,关注最新的应急管理理论和技术,参加相关培训和研讨会,不断更新知识和技能,以适应不断变化的应急管理需求。

(9)高效资源利用。应急响应人员需要在有限的时间和资源下进行工作,应当具备高效利用资源的能力,合理安排人员和装备,确保资源的最大化利用,提高应急处置效果。

(10)持续改进和反馈机制。应急响应人员应当建立持续改进和反馈机制,收集和分析应急处置过程中的反馈意见和经验教训,制定相应的改进计划,并及时落实改进措施,不断提高应急响应和处置的能力和水平。

7.3.5　应急支援

当事态无法控制时,应急响应人员需要对当前情况进行评估,确定自身的能力和资源是否足以应对。如果判断需要外部救援力量的支援,就需要及时启动请求程序。发起请求时,应急响应人员应当与上级部门或相关救援机构联系,向其说明当前情况,并请求外部救援力量的支援,请求内容应当包括灾害类型、受灾地区的具体情况、所需支援的类型和规模等信息。在发起请求后,应急响应人员和外部救援力量之间需要建立联动程序,以确保信息的传递,联动程序应当包括联系方式、通信频率、责任分工等内容。

一旦外部救援力量接到请求并做出响应,支援方与被支援方必须明确协作内容,包括以下几个方面。

7.3.5.1　统一指挥

为了确保救援行动的整体指挥和协调,可能需要建立一个统一的指挥机构或指挥部,负责对救援行动进行整体指挥和协调。主要职责包括:制定救援行动的总体策略和目标,协调各个救援力量的行动,确保资源的合理调配和利用,监督和评估救援行动的进展,并及时调整策略和措施,确保各个部门和机构之间的信息共享和沟通畅通,给现场指挥人员和救援队伍提供指导和支持。

7.3.5.2　指挥协调

如果外部救援力量与当地的应急响应人员共同参与救援行动,建立指挥协调机制非常重要,这样可以确保各方的行动协调一致,避免冲突和混乱。指挥协调机制的要点包括:设立联络人员或联络组,负责不同救援力量之间的沟通和协调;确定通信频率和方式,以便及时传递关键信息;共享情报和情况评估,确保各方对灾情的了解一致;确定责任分工和行动计划,明确各方的任务和职责;协商解决可能出现的问题和冲突,确保救援行动的顺利进行。

7.3.5.3　任务划分

根据救援力量的专业特长和资源情况,可以将任务进行划分,由各个救援力量分工负责。任务划分的原则包括:

（1）根据救援力量的专业能力和装备水平,将任务分配给最适合的团队或机构。

（2）考虑资源的合理利用,避免重复和浪费。

（3）确保各个团队之间的协调和合作,共同追求救援行动的整体目标。

（4）保持信息的共享和协调,确保各方对整体救援行动的了解。

任务划分需要在指挥机构或指挥部的指导下进行,确保各个任务的执行与整体指挥的协调一致。同时,需要建立有效的沟通渠道和信息共享机制,以便及时传递关键信息和调整任务分工。

7.3.6 响应终止和信息发布

7.3.6.1 响应终止

应急响应的终止条件通常是根据灾害情况和应急行动的目标来确定的。当灾害的蔓延或扩大趋势得到有效遏制,灾害局势得到有效控制,不再对人民生命财产安全造成重大威胁时,可以考虑终止应急响应;当救援任务完成,包括人员救援、物资供应、紧急修复等任务达到预定目标时,可以考虑终止应急响应,这需要确保受灾地区的基本生活条件和社会功能已经得到恢复;当灾害风险明显降低,不再对人民生命财产安全造成重大威胁时,可以考虑终止应急响应,这需要通过灾情评估和监测等手段来确定;当上级部门或相关机构根据情况判断应急响应可以终止时,可以按照其决策来进行;在一些特定的应急响应计划中,可能会规定应急响应的时间限制,当达到规定的时间限制时,可以考虑终止应急响应。

终止应急响应并不意味着完全解除对灾害的关注和支持,而是表示灾害已经得到一定程度的控制和应对,可以进入灾后重建和长期恢复阶段。在终止应急响应后,需要进行灾后评估和总结,以便改进应急响应计划和提高灾害应对能力。同时,需要继续关注灾后的风险和问题,并提供必要的支持和援助,帮助受灾地区实现全面恢复和发展。

7.3.6.2 信息发布

应急响应结束后,应及时通过新闻单位向社会发布有关消息。信息发布应本着"客观、准确、及时、不隐瞒事故真相、有利公众安全、有利应急工作有效实施"的原则,及时准确地向新闻媒体通报事故有关情况,信息发布形式有网络、微信、张贴海报等。这里需要注意的是,不同级别响应应由不同层级组织人员对外发布。

7.3.7 后期处置

7.3.7.1 污染物的处理

在灾难后期处置中,污染物的处理是一项重要任务,以确保环境的恢复和人民的健康安全。污染物及废弃物处理应严格按照有关法律法规进行,必要时请环保部门协助进行处理,处理过程中要确保废物的安全运输和处置,防止对环境和人体健康造成进一步危害。其中,首要任务是控制和隔离污染源,防止进一步的污染扩散,例如封堵泄漏源、修复破坏的设施和管道、清理泄漏物等措施。其次,利用土壤剥离、污水处理、空气净化等技术手段对受污染的土壤、水体、空气等进行清理和处理,清理过程中需要注意对环境和工作人员的保护,避免二次污染。建立污染监测系统,对污染物的浓度和扩散情况进行实时监测,监测结果可以指导后续的处置工作,并提供数据支持进行环境评估和风险评估。在清理和处理污染物后,需要进行环境修复工作,以促进自然生态的恢复和重建,包括植被恢复、生态修复、水域生态系统重建等措施。

在处理污染物时,应遵循环境保护和安全管理的原则,确保处置过程不会造成二次污染或危害人员健康。同时,需要依据具体情况制定适当的处置方案,并与相关部门和专业机构合作,确保污染物的有效处理和环境的恢复。

7.3.7.2　事故后果影响消除

事故应急救援工作结束后,要对受伤人员进行及时的救治和医疗护理,提供心理支持和咨询服务,帮助他们恢复身体和心理健康。及时召开安全生产调度会,向单位内各部门通报事故情况,员工要以稳定生产为目标,不信谣、不传谣,要充分利用电话、板报、会议等形式,正确引导舆论,消除事故带来的消极影响。同时,要密切关注媒体及网络,及时将社会舆论情况向单位汇报。

7.3.7.3　生产秩序恢复

事故抢救结束,事故后果影响已消除、事故原因已查明并采取有效预防措施后,经事故调查组同意,可以进入生产秩序恢复阶段。恢复生产工作,要编制恢复方案,对事故现场的安全隐患、环境污染和有毒有害因子进行检测、评估,如发现安全和环境隐患,应及时进行处理,不能立即处理的应采取警戒防范措施,防止在恢复生产过程中发生事故。

7.3.7.4　善后赔偿

善后赔偿是指在事故发生后,责任方向受害方提供经济赔偿或其他形式的补偿,以弥补其因事故所遭受的损失和伤害。善后赔偿的具体内容和方式可能因国家法律法规、事故性质和当事人协商等因素而有所不同。常见的善后赔偿方式有:

(1)经济赔偿。责任方向受害方提供经济补偿,以弥补其因事故而导致的财产损失、医疗费用、残疾赔偿、死亡赔偿等,赔偿金额可以根据受害者的实际损失、法律规定和协商结果来确定。

(2)医疗救助。如果事故导致人员受伤,责任方应提供医疗救助,包括支付受害者的医疗费用、康复费用和长期护理费用等。

(3)精神损害赔偿。对于因事故导致的精神伤害,责任方应提供相应的赔偿,以弥补受害者的精神痛苦和心理损害。

(4)生态修复和环境赔偿。如果事故导致环境污染或生态破坏,责任方应承担环境修复和生态恢复的责任,并提供相应的赔偿,用于修复受损的环境和生态系统。

(5)社会救助和援助。在灾难性事故中,责任方应向受害方提供额外的社会救助和援助,以帮助他们重新建立生活秩序,包括提供住房安置、就业机会、教育支持等。

(6)协商和调解。在善后赔偿中,当事人通常会进行协商和调解,以确定最终的赔偿金额和方式。这可能涉及受害方的合法权益、责任方的能力和资源、社会公平等多方面的考虑。

需要注意的是,善后赔偿应当依法进行,并遵循公正、合理和透明的原则,在复杂事故赔偿案件中,可能需要法律专业人士的参与,以确保赔偿过程的公正性和合法性。

7.3.7.5　应急工作总结与应急救援评估

应急工作总结是指对事故发生后的应急工作进行回顾和总结,以评估应急响应的效果和提出改进意见。应急救援评估则是对应急救援行动进行评估,包括救援行动的组织、协调、资源利用和救援效果等方面的评估。

1. 事故背景和应急响应情况的概述

在应急工作总结中,需要对事故的起因、规模和影响进行概述,明确事故的发生时间、地点和原因,以及事故造成的人员伤亡、财产损失和环境影响等方面的情况。同时,回顾应急响应的组织、协调和执行情况,包括应急指挥体系的建立、应急预案的启动和应急资源的调配情况等。

2. 应急响应的效果评估

应急响应的效果评估主要针对救援行动的及时性、有效性和协调性等方面进行。评估救援行动的及时性,即应急响应的启动是否及时,救援人员和设备是否能够迅速到达现场。评估救援行动的有效性,即救援行动是否能够有效地挽救生命、减轻损失和控制事故扩大。评估救援行动的协调性,即各救援单位之间的协作和沟通是否顺畅,指挥决策是否准确。

在评估应急响应的效果时,需要分析应急响应中的亮点和不足之处。亮点可以是救援行动的迅速响应、有效组织和协调,以及救援人员的敬业精神和专业水平等;不足之处可以是应急响应的启动滞后、资源调配不足、指挥决策不准确等。基于评估结果,提出改进建议,以提高应急响应的效果和质量。

3. 应急资源的利用和调度

评估应急资源的利用和调度情况,包括人员、设备、物资等方面的资源。分析资源调度的合理性和效率,即评估资源是否按照应急预案和实际需求进行调度和利用,评估人员资源的充足性和专业性、设备资源的完好性和适用性、物资资源的供应情况和使用效果等。根据评估结果,提出优化建议,以提高应急资源的调度和利用效率。

4. 应急指挥和协调机制

评估应急指挥和协调机制的运行情况,包括指挥体系的组织结构、指挥决策的准确性和协调沟通的效果等。评估指挥体系的合理性和灵活性、指挥决策的科学性和及时性、协调沟通的顺畅性和准确性。根据评估结果,提出指挥和协调机制的改进意见,以提高应急指挥和协调的效果。

5. 应急预案和演练效果评估

评估应急预案的可行性和实施效果,包括预案的完整性、适用性和演练的实效性。评估预案的编制是否全面、详细,是否能够应对各种灾害和事故情景。评估应急预案的实施效果,即预案在实际应急响应中的适用性和操作性。评估演练的实效性,即演练是否能够达到预期的效果,是否能够发现和解决问题。根据评估结果,提出预案改进和演练加强的建议,以提高应急预案的质量和实效性。

6. 信息发布和舆情管理

评估应急信息发布和舆情管理的效果,包括信息发布的及时性、准确性和透明度,以及舆情管理的稳定性和应对能力。提出信息发布和舆情管理的改进建议。

通过对整个应急响应过程的评估,可以全面了解应急响应的情况和效果,并提出改进措施,以提高应急响应和救援能力。

7.4　提升建筑工程应急响应与处置能力

面对日益复杂的生产活动,提高应急响应与处置能力对于应对各类突发事件至关重要。只有做好应急响应与处置工作,才能有效应对建筑工程事故和灾害,保障人民生命财产安全,推动社会的稳定和可持续发展。可以从以下几个方面来提升建筑工程应急响应与处置能力。

7.4.1　建立健全的应急管理体系

建筑工程应急响应与处置能力的提升需要建立健全的应急管理体系,包括制定应急预案、明确责任分工、建立应急指挥中心、组织应急演练等。应急预案应覆盖各类应急情况,并明确应急响应流程和处置措施。应急指挥中心应具备信息收集、指挥调度、资源协调等功能,确保应急响应的高效性和协同性。定期组织应急演练可以检验预案的可行性和人员的应急能力,及时发现和解决问题。

7.4.2　加强应急信息化建设

建立应急信息管理系统,实现应急信息的快速采集、传输、共享和分析,通过传感器、监控设备等技术手段,实时监测建筑物的状态和环境参数,及时发现异常情况。利用无线通信、云计算等技术手段,将信息传输到指挥中心,并实时展示在指挥室的大屏幕上,提供决策支持和指挥调度的依据。

7.4.3　引入智能救援装备

智能救援装备的引入可以提高建筑工程应急响应与处置的效率和安全性。例如,智能救生绳索可以根据救援对象的体重和位置自动调整长度和张力,确保救援过程的安全性和稳定性。智能救援器械还包括智能救生衣、智能救生器具等,这些设备配备了传感器和通信装置,可以实时监测救援对象的生命体征和位置信息,并与指挥中心进行通信,提供远程指导和支持。

7.4.4　运用人工智能辅助决策

人工智能在建筑工程应急响应与处置中的应用可以提升决策能力和效率。通过机器学习和深度学习算法,人工智能可以对大量的应急数据进行分析和归纳,为指挥员提供决策建议。人工智能系统可以根据事故类型、救援资源、环境条件等因素,推荐最佳的救援方案,并预测救援行动的效果和风险。这样可以提高指挥员的决策能力和救援行动的效率。

7.4.5　培训和技术支持

提高建筑工程应急响应与处置能力还需要注重培训和技术支持。救援人员应接受系统的应急培训,包括应急响应流程、救援技能、装备操作等方面的培训。培训内容应与实际情况相结合,注重实战演练和案例分析,提高应急处置的能力和水平。同时,建筑工程应急响应与处置的技术创新需要得到专业技术支持,包括设备维护、数据分析、系统更新等方面的支持,确保技术的稳定性和可靠性。

总结起来,提高建筑工程应急响应与处置能力需要建立健全的应急管理体系,加强应急信息化建设,引入智能救援装备,运用人工智能辅助决策,并注重培训和技术支持。这些措施和技术创新的应用可以提高救援行动的效率和准确性,保障人员生命安全和减少财产损失。通过不断创新和改进,可以不断提升建筑工程应急响应与处置能力,确保建筑安全和人员生命安全。

7.5　建筑工程应急响应与处置的信息化支持

随着信息技术的快速发展,信息化在建筑工程安全管理和应急管理中的作用日益凸显。

(1)信息化在建筑工程应急响应与处置中能够提升响应速度和决策效能。信息化技术可以实现实时数据采集、传输和处理,提供准确、及时的信息支持,从而加快应急响应的速度和决策的效能。通过信息化手段,可以快速获取事故现场的图像、视频、传感器数据等,为指挥决策提供全面的信息基础。

(2)能够加强资源调度和协同作战。建筑工程应急响应与处置涉及多个部门、单位和人员的协同作战,信息化技术可以实现资源的实时监控和调度,提供资源的可视化管理和优化配置。同时,通过信息化平台的建立,可以实现多部门、单位之间的信息共享和协同工作,提高协同作战的效率和准确性。

(3)能够提升应急响应的智能化水平。信息化技术的应用可以实现建筑工程应急响应的智能化,例如,利用人工智能、大数据分析等技术,可以对事故风险进行预测和评估,提前采取措施进行干预。通过智能监测和预警系统,可以实现对建筑工程安全状况的实时监控和预警,及时发现异常情况并采取措施。

7.5.1　信息化支持的要素

7.5.1.1　信息采集与共享

建立信息采集系统,包括监测设备、传感器、视频监控等,实时获取事故现场的数据和影像。同时,建立信息共享机制,将采集到的信息传输给指挥部和相关部门,以便全面了解事故情况。

7.5.1.2　数据分析与决策支持

利用信息化技术对采集到的数据进行分析和处理,提取有用的信息和规律。通过数据分析,可以对事故进行预测和评估,为指挥部的决策提供科学依据和决策支持。

7.5.1.3　指挥调度与协同合作

建立信息化的指挥调度系统,实现指挥员之间的即时通信和信息共享。通过信息化支持,指挥员可以迅速发布指令、调度资源,并与各部门进行协同合作,提高应急响应的效率和协同能力。

7.5.1.4　应急预案管理与演练

利用信息化技术对应急预案进行管理和演练,建立应急预案管理系统,包括预案的编制、更新、存档和查询等功能。通过信息化支持,可以对预案进行实时修订和演练,保持预案的有效性和适应性。

7.5.1.5　现场指挥与资源调配

利用信息化技术进行现场指挥和资源调配,建立现场指挥系统,包括移动终端设备、无线通信设备和地理信息系统等。指挥员可以通过移动终端设备获取实时的事故信息和指令,同时可以通过无线通信设备与现场人员进行实时沟通和协调。地理信息系统可以提供事故现场的地理位置和周边环境信息,帮助指挥员做出更准确的决策和资源调配。

7.5.1.6　信息发布与公众参与

建立信息发布系统,向公众发布事故情况、应急措施和安全提示等信息。通过信息化支持,可以快速、准确地向公众传递信息,提高公众的应急意识和参与度。同时,可以通过社交媒体和手机应用等渠道,接收公众的求助信息和反馈意见,实现公众参与的互动与反馈。

7.5.2　信息化支持的应用领域和关键技术

7.5.2.1　信息化支持的应用领域

建筑工程应急响应与处置的信息化支持涵盖了多个方面,包括事故信息管理、指挥决策支持、资源调度与协同、智能监测与预警等。在每个领域中,信息化技术可以发挥不同的作用,提供相应的支持和服务。

7.5.2.2　关键技术与工具

建筑工程应急响应与处置的信息化支持涉及多种关键技术与工具。例如,基于云计算和大数据分析的信息管理平台,可以实现事故信息的集中管理和分析;基于地理信息系统的指挥决策支持系统,可以提供空间数据分析和可视化展示;基于物联网和传感器技术的智能监测与预警系统,可以实现对建筑工程安全状态的实时监测和预警。

7.5.3　建筑工程应急响应与处置的信息化应用

(1)建立信息化平台和数据共享机制。

建筑工程应急响应与处置的信息化支持需要建立统一的信息化平台和数据共享机制。各相关部门、单位应加强合作,建立信息共享的机制和规范,确保信息的及时传递和共享。

(2)推动关键技术的研发与应用。

建筑工程应急响应与处置的信息化支持需要不断推动关键技术的研发与应用。政府、高校、科研机构和企业应加强合作,加大对信息化技术的研究和创新,推动其在建筑工程应急响应与处置中的应用。

(3)加强人员培训与意识提升。

信息化支持的建筑工程应急响应与处置需要有专业人员进行操作和管理。相关部门、单位应加强人员培训,提高人员的信息化技术水平和应急响应能力。同时,加强宣传和培训,提高各方对信息化支持的认识和意识。

7.5.4 信息化支持的挑战

(1)技术要求。信息化支持需要先进的技术设备和系统支持,包括网络通信、数据存储和处理能力等。同时,需要专业人员进行系统的运维和维护。

(2)数据安全。信息化支持涉及大量的敏感数据和信息,需要加强数据的安全保护,防止数据泄露和恶意攻击。

(3)组织管理。信息化支持需要建立合理的组织管理机制,明确各部门的职责和协作方式。同时,需要加强人员培训,提高应急管理人员的信息化素养和技能。

总结来讲,建筑工程应急响应与处置的信息化支持可以提供实时、准确的信息,提升响应速度和决策能力,加强资源调度和协同作战,提升应急响应的智能化水平。通过信息化支持,可以实现信息采集与共享、数据分析与决策支持、指挥调度与协同合作、应急预案管理与演练、现场指挥与资源调配以及信息发布与公众参与等功能。然而,信息化支持也面临技术要求、数据安全和组织管理等挑战。因此,在建筑工程应急响应与处置中,需要充分利用信息化支持的优势,同时解决相关挑战,以提高应急响应的效率和能力,保障人员生命安全和减少财产损失。

7.6 建筑工程应急响应与处置的技术创新

建筑工程应急响应与处置是保障人民生命财产安全的重要环节,而随着技术的不断创新,建筑工程应急救援的新技术对提高救援效率、准确性和安全性具有重要意义,能够为建筑工程应急救援提供更好的支持。

7.6.1 应急信息管理与共享

7.6.1.1 信息化平台的建设

在建筑工程应急响应与处置中,应急信息管理与共享是关键的一环。通过建设信息化平台,实现应急信息的集中管理和共享,可以提高信息的获取和传递效率。该平台包括事故报警系统、视频监控系统、通信系统等,以实现多源信息的整合和共享。

7.6.1.2 数据分析与决策支持

应急信息管理与共享的关键在于对数据的分析和利用,通过大数据分析和人工智能技术,可以对海量的应急数据进行挖掘和分析,提取有价值的信息,从而为指挥员提供决策建议。人工智能系统可以根据事故类型、救援资源、环境条件等因素,推荐最佳的救援方案,并预测救援行动的效果和风险。这些信息可以为决策者提供科学依据,帮助他们做出准确的决策和指挥。

7.6.1.3　信息安全与保护

在应急救援中,信息的安全和保护至关重要。应建立完善的信息安全管理体系,包括数据加密、访问权限控制、网络防护等措施,保障应急信息的安全性和可靠性。

7.6.1.4　移动应用技术

移动应用技术可以将应急响应的信息和工作流程移动化,提供便捷的指挥调度和协同合作平台。通过移动应用,指挥员和救援人员可以随时随地获取事故信息、发布指令、查询资料等,提高应急响应的效率和灵活性。同时,移动应用还可以用于公众参与和信息发布,提供实时的安全提示和求助渠道。

7.6.2　智能监测与预警

7.6.2.1　智能传感器技术

通过布置传感器网络,可实现对建筑结构、设备和环境的实时监测,以全面感知现场的状态。这些传感器可以安装在建筑物的关键部位,监测温度、湿度、气体浓度、结构变形等参数,一旦发生异常情况,传感器会立即发出警报,提醒相关人员采取紧急措施。智能传感器技术的应用可以提高救援人员对事故现场的了解,并及时采取行动,确保救援行动的准确性和迅速性。

7.6.2.2　物联网技术

物联网技术可以实现建筑工程设备的互联互通,提供实时监测和远程控制功能。通过传感器和监测设备,可以对建筑结构、温度、湿度、气体浓度等进行实时监测。当监测数据异常时,系统可以自动发出警报,并向指挥部和救援人员发送信息。此外,物联网技术还可以实现设备的远程控制,例如关闭阀门、切断电源等,以减少事故扩大的风险。

7.6.2.3　数据分析与预警模型

通过对传感器数据的分析和建模,利用大数据技术可以对大量的数据进行存储、管理和分析,提供决策支持和预测能力。通过对历史事故数据的分析,可以发现事故发生的规律和原因,建立预警模型,实现对现场设备的健康状态进行实时监测和预测,及时采取措施,减少事故的发生。同时,大数据技术还可以用于应急资源的调配和优化,根据事故情况和需求,实现资源的精准调度和分配。

7.6.2.4　可视化监测与指挥

将监测数据可视化呈现,可以帮助指挥人员全面了解事故现场的情况。通过增强现实技术,救援人员可以通过可穿戴设备或移动设备,实时获取建筑物内部的结构信息、隐患位置、逃生通道等。这样可以帮助救援人员更好地了解事故现场的情况,提高救援行动的效率和准确性。同时,增强现实技术还可以提供虚拟导航和指引,指引被困人员快速、安全地逃生。

7.6.2.5　虚拟现实技术

虚拟现实技术可以提供逼真的仿真环境,帮助指挥员和救援人员进行应急演练和培训。通过虚拟现实技术,可以模拟各种应急情况,让人员在虚拟环境中进行实战演练,提高应对复杂情况的能力和反应速度。此外,虚拟现实技术还可以用于事故现场的三维重建,帮助指挥员更好地理解事故现场的情况,做出更准确的决策。

7.6.3　智能救援与处置

7.6.3.1　无人机的应用

无人机在建筑工程应急救援中具有广泛的应用前景。无人机可以快速飞行到事故现场,通过高清摄像头和热成像相机获取实时图像和数据,帮助指挥部和救援人员全面了解事故情况。同时,无人机还可以搭载搜救设备,进行搜救和救援行动,减少人员风险。此外,无人机还可以用于运送急救物资和通信设备,提供远程通信支持。

7.6.3.2　机器人的应用

救援机器人可以进入危险区域,进行搜救和救援行动。同时,机器人还可以执行一些危险任务,如搬运重物、清理障碍物等,减少救援人员的风险。

7.6.3.3　智能救援器械的应用

智能救生绳索可以根据救援对象的体重和位置自动调整长度和张力,确保救援过程的安全性和稳定性。智能救援装备还包括智能救生衣、智能救生器具等,这些设备配备了传感器和通信装置,可以实时监测救援对象的生命体征和位置信息,并与指挥中心进行通信,提供远程指导和支持。

7.6.3.4　智能救援系统的建设

通过整合无人机、机器人等技术,建立智能救援系统,可以实现救援行动的协同作战和智能化指挥。该系统应具备实时监测、路径规划、任务分配和指挥调度等功能,提高救援行动的效率和安全性。

建筑工程应急响应与处置创新技术的应用使得应急救援变得更加高效、准确和安全。它们提供了实时监测、远程控制、数据分析、决策支持、救援装备和虚拟导航等功能,帮助指挥员和救援人员更好地应对复杂的应急情况。然而,这些技术的应用还需要与相关法律法规和标准相匹配,确保其安全可靠地应用于建筑工程应急救援中。同时,培训和技术支持也是推广这些技术创新的关键,只有救援人员熟练掌握和运用这些技术,才能更好地发挥其作用,保障人员生命安全和减少财产损失。

第 8 章　建筑工程安全风险控制与应急管理整合

建筑工程安全风险控制与应急管理是确保建筑工程安全的两个重要方面,本章将探讨建筑工程安全风险控制与应急管理之间的关系,包括风险控制对应急管理的影响、应急管理对风险控制的支持等方面。通过深入理解两者之间的关系,可以更好地整合两者的工作,提高建筑工程的安全性和应急响应能力。

8.1　风险控制对应急管理的影响

8.1.1　事前预防和减少事故发生

风险控制的核心目标是在事前识别和评估潜在风险,并采取相应的控制措施来预防事故的发生。通过建立有效的风险管理体系和采取适当的控制措施,可以降低事故发生的概率。这为应急管理提供了基础,降低了应急事件的发生频率和严重程度。

8.1.2　提供应急响应的基础

风险控制的实施可以帮助建立应急响应的基础,通过对潜在风险的识别和评估,可以制定相应的应急预案和处置方案。这包括确定应急组织结构、明确责任和职责、培训应急人员等。风险控制为应急管理提供了前期准备工作,确保在应急事件发生时能够迅速、有效地做出响应。

8.1.3　改善应急响应的效果

风险控制的实施可以减小事故和灾害的概率,进而降低应急事件的发生频率和严重程度,这意味着在应急事件发生时,可能面临的风险和威胁较小,应急响应的效果更容易得到控制和管理。风险控制的有效实施可以提高应急响应的效果,减少人员伤亡和财产损失。

8.1.4　提供应急决策的依据

风险控制的过程中,通常会进行风险评估和分析,得出风险等级和优先级,这些信息可以为应急决策提供依据。在应急事件发生时,应急管理人员可以根据事前的风险评估结果,对应急措施和资源进行合理配置和调度,以最大程度地减少损失和恢复正常生产秩序。

综上所述,风险控制对应急管理具有重要的影响,通过事前的风险识别、评估和控制,可以预防事故的发生,为应急管理提供基础及减小应急事件的频率和严重程度。风险控制的实施还可以改善应急响应的效果,并为应急决策提供依据。因此,在应急管理中,风险控制是一个重要的环节。

8.2　应急管理对风险控制的支持

8.2.1　事故应急响应

应急管理在事故发生时扮演着关键角色,它通过组织和协调应急响应工作,控制事故的扩大和蔓延。在事故发生后,应急管理人员能够迅速采取措施,包括调动人员、设备和资源,限制事故范围,减少事故对周围环境和人员的影响。这种及时的应急响应有助于控制事故风险,减少进一步的损失。

8.2.2　应急预案和演练

应急管理通过制定和实施应急预案,为风险控制提供指导和支持。应急预案是在事前制定的文件,包括应急组织结构、应急程序、资源调配等内容,指导着应急管理人员在应急事件发生时的行动和决策。应急演练是对应急预案的实际操作,通过模拟应急情景,检验预案的可行性和有效性。应急预案和演练帮助风险控制人员了解应急响应的要求和流程,提高应对突发事件的能力。

8.2.3　信息共享和协调

应急管理在风险控制中起到了信息共享和协调的作用。应急管理人员负责收集、整理和传递与风险相关的信息,包括事故发生的情况、风险评估结果、应急资源等,他们与风险控制人员进行沟通和协调,确保风险控制工作与应急响应保持一致。通过信息共享和协调,风险控制人员可以更好地了解应急情况,采取相应的措施和调整风险控制策略。

8.2.4　事后总结和改进

应急管理在事后总结和改进中对风险控制提供支持。在应急事件发生后,应急管理人员会对应急响应的效果进行评估和反馈,这些评估结果可以为风险控制人员提供宝贵的经验教训,发现不足之处,应采取相应的改进措施。通过事后总结和改进,风险控制的质量和效果可以不断提高。

综上所述,应急管理通过事故应急响应、应急预案和演练、信息共享和协调,以及事后总结和改进等方面,帮助风险控制人员预防事故、提高应急响应能力,并不断改进风险控制的质量和效果。应急管理和风险控制相互促进,共同维护建筑工程的安全和稳定。

8.3 整合风险控制与应急管理的实践方法

8.3.1 统一的管理体系

建立一个统一的管理体系,将风险控制和应急管理整合在一起,这可以通过制定综合性的管理政策、程序和指南来实现,确保风险控制和应急管理的目标和要求得到统一的落实。统一的管理体系能够提供一套整合的方法和工具,使风险控制和应急管理之间的协调和配合更加紧密。

8.3.2 风险评估与应急规划的结合

在风险控制和应急管理的实践中,将风险评估和应急规划结合起来是非常重要的,风险评估可以帮助识别和评估潜在风险,为应急规划提供依据。应急规划则需要考虑风险评估的结果,制定相应的应急措施和预案。通过将风险评估和应急规划相互结合,可以确保应急措施的针对性和有效性,提高应急响应的效果。

8.3.3 综合演练和培训

通过定期组织综合演练,将风险控制和应急管理的要求相结合,检验应急预案的可行性和有效性。同时,通过培训风险控制和应急管理的相关人员,提高他们的专业素养和应对能力。综合演练和培训可以促进风险控制和应急管理之间的协同作战,提高整体应急能力。

8.3.4 信息共享与协调

建立信息共享的机制,确保风险控制和应急管理之间的信息流通和互通。同时,加强协调与合作,建立跨部门、跨组织的应急管理网络,共同应对风险和应急事件。信息共享与协调可以提高应急响应的效率和准确性,最大限度地降低风险和损失。

建筑工程安全风险控制与应急管理之间存在着紧密的关系,两者相互支持和促进,通过整合风险控制和应急管理工作,促进风险控制和应急管理的有机整合,可以全面提升建筑工程的安全性和应急响应能力,为建筑工程的安全管理提供更加全面和有效的保障。

第 9 章　建筑工程安全文化与员工培训

9.1　建筑工程安全文化的重要性与构建

9.1.1　建筑工程安全文化的定义与意义

建筑工程安全文化是指在建筑行业中,通过建立一种积极主动的安全价值观、行为准则和组织文化,以确保员工的安全和健康。它强调安全意识、责任感、行为习惯以及与安全管理相关的制度和规程。建筑工程安全文化的目的是使员工在工作中始终注意安全,积极预防事故的发生,规范工作行为,同时强调在出现紧急情况时的应急反应和协调配合。

建筑工程安全文化的意义重大。首先,它是防范和减少事故发生的有效手段,能够确保员工的生命安全和工程质量。在建筑工程中,存在各种复杂的风险和潜在的危险因素,如高处作业、重物起吊、电气安全等,而建立健全的安全文化可以引导员工主动识别、评估和控制可能的风险,从而有效预防事故的发生。

其次,建筑工程安全文化能够提高员工的安全意识和责任感。通过培养和强化安全文化,员工会自觉遵守安全规章制度,采取安全措施,并积极参与安全管理。这有助于形成一种安全的工作习惯和行为模式,有效地减少人为因素对安全造成的影响。

此外,建筑工程安全文化对企业的经营和发展也具有重要影响。它可以提升企业的形象和信誉,增强员工的归属感和凝聚力,吸引人才和业务机会。在竞争激烈的建筑市场中,安全文化成为企业提升竞争力和可持续发展的一项重要优势。

9.1.2　建筑工程安全文化的重要性与优势

(1)减少意外事故和伤亡。建筑行业是一个高风险行业,意外事故和伤亡可能带来严重的后果。建立健全的安全文化可以指导员工识别潜在的危险,采取必要的措施来降低风险并防止事故的发生。通过培养员工的安全意识和责任感,可以大幅减少工作场所的伤害和事故发生率。

(2)提高工作效率和质量。安全文化不仅关注员工的安全,还涉及工作的质量和效率。具备高度安全意识的员工更容易遵守工作程序和标准操作规程,减少错误和差错的发生,提高工作的准确性和质量。此外,安全文化还强调团队协作、沟通和合作,有助于提高团队的整体工作效率。

(3)降低法律和经济风险。建筑工程中的意外事故可能导致法律责任和经济损失。建立良好的安全文化可以降低这些风险。通过建立安全的工作环境和规范的作业流程,以及严格执行安全标准和法规,企业可以防止违规行为的发生,并有效管理和控制潜在的法律和经济风险,保护企业的利益和声誉。

(4)塑造企业形象和吸引人才。建筑工程安全文化的建立能够塑造企业的良好形象。有一套完善的安全管理制度和文化,使企业对员工和客户都更具吸引力。员工更倾向于加入并留在安全文化良好的企业,而客户也更愿意选择与那些能够保证施工质量和安全的企业进行合作。

(5)可持续发展和社会责任。在社会责任和可持续发展的概念下,构建建筑工程安全文化是企业应尽的责任。实施安全文化不仅符合法律法规,也表明企业具备了一种对员工和社会的尊重和关爱,促进了行业的可持续发展。

9.1.3　构建建筑工程安全文化的基本原则

(1)领导层的承诺。建筑工程安全文化的构建需要由企业的高层领导层发出明确的安全承诺,并将其融入到企业的战略和目标中。领导层要示范出安全行为,并为安全作出投入,确保安全文化的实施得到充分支持和资源保障。

(2)员工参与和参与性决策。安全文化的构建需要员工的积极参与和共同责任。员工应该被鼓励参与制定和改进安全政策、程序和培训计划。他们的意见和反馈应该得到重视,并纳入持续改进的过程中。

(3)教育和培训。教育和培训是确保员工具备必要的安全知识和技能的关键步骤。通过提供相关的培训课程和实践经验分享,帮助员工理解安全标准和规定,并掌握应对危险和应急情况的能力。

(4)风险识别和控制。建筑工程安全文化的构建需要建立有效的风险管理体系。员工应该被培养出具有识别潜在危险的能力,并学会采取相应的控制措施来降低风险。这包括建立清晰的工作程序、提供适当的个人防护装备、确保设备和机械的维护和检修等。

(5)沟通和反馈机制。有效的沟通和反馈机制对于构建安全文化至关重要。建立畅通的沟通渠道,鼓励员工报告和分享与安全相关的问题、事故和隐患。同时,及时回应并处理这些问题,通过经验教训的总结和分享,改进安全措施和程序。

(6)持续改进和监督。建筑工程安全文化是一个不断发展和完善的过程。企业应建立监督机制,定期评估安全文化的实施情况,并根据评估结果采取相应的改进措施。持续的安全培训、定期的安全练习和演习,以及定期的安全审查是确保安全文化持续改进的关键。

9.1.4　建筑工程安全文化的核心价值观

(1)生命安全至上。员工的生命安全是最重要的,企业应确保员工在工作中不受伤害,并提供必要的安全措施和培训来保障其生命安全。

(2)持续关注。员工应始终关注和警惕潜在的危险和风险,并秉持主动预防的原则,避免事故和伤害的发生。

(3)合规规范。员工应坚守安全规章制度,并确保工作的合规性。他们应理解和遵守相关法规、标准和安全管理程序。

(4)协作合作。安全文化促进团队的协作和合作。员工应相互支持,共同致力于安全目标的实现,并在紧急情况下相互协助。

(5)持续改进。安全文化应注重持续改进和学习。员工应积极参与持续改进的过程,不断提高工作技能和应对危险的能力。

这些核心价值观将指引员工在建筑工程中的行为和决策,形成一种安全、质量和责任意识的文化。

9.2　建筑工程安全文化对风险控制与应急管理的影响

9.2.1　建筑工程安全文化对风险识别和评估的影响

9.2.1.1　员工风险意识的培养

建筑工程安全文化通过安全培训和教育,培养员工的风险意识。员工了解到可能存在的危险和风险,并学习如何识别潜在的安全隐患。风险意识使员工能够主动关注和报告存在的风险,及时采取相应措施进行控制和预防。

9.2.1.2　风险评估的重要性和流程

建筑工程安全文化强调风险评估的重要性。建筑企业建立了系统的风险评估程序,通过对各个工作环节和流程的分析,评估可能存在的风险等级和后果。这种评估帮助企业确定重点关注的风险,并有针对性地采取控制和预防措施,降低事故发生的概率和影响程度。

9.2.1.3　全员参与的风险控制机制

建筑工程安全文化鼓励全员参与风险控制。通过建立全员参与的风险控制机制,员工能够积极参与到风险识别、预防和控制的过程中。他们可以提出改进建议,分享经验和知识,共同促进安全文化的发展。

9.2.2　建筑工程安全文化对风险控制和预防的作用

9.2.2.1　有效的风险控制措施

建筑工程安全文化鼓励建立有效的风险控制措施。企业评估风险,并采取相应的控制措施,包括技术控制、管理控制和行为控制。建筑企业注重从根本上减少风险,而不仅仅是应对事故发生后的处理,通过采取合适的控制措施降低风险的概率和影响。

9.2.2.2　预防措施的实施和监督

建筑工程安全文化强调预防的重要性。建筑企业制定和实施相关的预防措施,通过技术手段、管理制度和培训等方面的措施来预防事故的发生。同时,建筑工程安全文化还注重对预防措施的监督和追踪,确保其有效执行和不断改进。

9.2.3　建筑工程安全文化对应急管理和事故处理的重要性

9.2.3.1　员工应急意识和技能的培养

建筑工程安全文化强调培养员工的应急意识和技能。通过培训和演练,提高员工在紧急情况下的反应能力和处理能力。员工了解应急预案和程序,能够迅速、有效地采取行动应对紧急情况,最大限度地减少事故发生的损失。

9.2.3.2　安全责任的明确分工

建筑工程安全文化强调安全责任的明确分工。每个员工都应该清楚自己在安全方面的责任和义务,并将其融入到自己的日常工作中。同时,领导层也要明确安全责任,为员工提供支持和资源,确保安全文化在组织中的全面贯彻和落实。

9.2.3.3　应急演练和实践

建筑工程安全文化注重应急演练和实践。通过定期进行紧急情况的模拟演练,让员工在真实场景下训练和提升应对突发情况的能力。应急演练可以帮助员工熟悉应急程序和设备使用,并及时发现和解决潜在的问题。

9.2.3.4　事故调查和持续改进

建筑工程安全文化强调事故调查的重要性。每当发生事故或事故频发时,建筑企业应及时展开事故调查,确定事故原因和责任,并采取相应的纠正措施。通过事故调查,可以识别潜在的系统缺陷和安全漏洞,进一步改善安全管理体系。

建筑工程安全文化还强调持续改进的理念。企业应建立持续改进的机制,定期评估安全文化的有效性和改进需求。通过反馈机制、安全巡检、经验总结等手段,收集员工和管理层的意见和建议,并及时采取行动加以改进。持续改进的实践可以进一步提高建筑工程的安全水平和风险控制能力。

建筑工程安全文化对风险控制与应急管理有着重要的影响。通过培养员工的风险意识和参与能力,促进风险的识别和评估。全员参与的风险控制机制和有效的措施有助于预防风险的发生。此外,建筑工程安全文化还强调培养员工的应急意识和技能,明确安全责任和进行应急演练,并通过事故调查和持续改进来提高安全管理水平。

在建筑工程中,安全文化的确立和培养是关键,它不仅有助于降低事故的发生概率和减少损失,还能提升企业形象和员工满意度。因此,各个建筑企业应致力于构建健全的安全文化体系,并将其融入到组织的各个层面和工作流程中,以确保建筑工程的安全可控和可持续发展。

9.3　建筑工程安全培训与教育的方法与实践

9.3.1　建立全面的建筑工程安全培训计划

建立全面的建筑工程安全培训计划对提高施工现场的安全性和保障员工的健康至关重要。通过培训,员工可以掌握必要的安全知识和技能,预防事故发生,并且遵守相关法规和标准。下面详细阐述建立全面的建筑工程安全培训计划的步骤和关键要素。

9.3.1.1　需求分析

1.研究工作场所

在开始设计培训计划之前,首先需要详细了解工作场所的情况。此阶段的目标是识别工作环境中可能存在的风险和安全问题,包括物理环境、设备和工艺、人员情况等。通过对工作场所的研究,可以确保培训内容与实际工作相关。

2.调研员工需求

在确定工作场所情况后,必须了解员工的培训需求。这可以通过调查问卷、面谈或小组讨论等方式进行。调研内容应该包括员工的背景、现有的安全知识和技能水平、工作角色和职责等。这些信息有助于针对性地设计培训内容。

9.3.1.2　目标制定

1.确定培训目标

基于对工作场所和员工需求的了解,制定明确的培训目标是必要的。培训目标应包括知识、技能和态度方面。例如,目标包括员工了解安全规定、掌握适当的操作技巧、培养安全意识和行为等。

2.制定可衡量的目标指标

为了确保培训目标的实际实现和评估,需要制定可衡量的目标指标。这些指标可以是员工的安全知识测试成绩、操作技能评估结果、安全行为观察量化评估等。通过设定可衡量的目标指标,可以评估培训计划的有效性,并进行必要的改进。

9.3.1.3　内容设计

1.确定培训内容和顺序

根据培训目标,确定培训内容和顺序。内容应包括基础的安全知识、操作规程、风险评估和应急处理等。将培训内容划分为不同的模块或主题,并根据难度和逻辑关系确定培训顺序。

2.选取教材和支持材料

选取适用的教材和支持材料,如讲义、手册、幻灯片、演示视频等。这些材料应该清晰、易懂,并配有适当的示例和图表,以便帮助员工更好地理解和记忆培训内容。

9.3.1.4　培训方法选择

1.面对面培训

面对面培训是一种常见且有效的培训方法,可以通过讲座、案例分析、模拟演练等形式进行。这种方法可以促进与培训师和其他参与者的互动,增加学习的参与度。

2.在线学习

随着技术的发展,在线学习已经成为一种越来越流行的培训方法。通过网络平台提供培训课程,可以随时随地进行学习。在线学习有利于员工自主学习,具备灵活性和便利性等特点。

3.实地训练

对于某些操作技能和应急处理能力的培训,实地训练是必不可少的方法。通过在模拟场景中进行实地操作、演练和模拟事件的处理,可以帮助员工将理论知识转化为实际操作能力。

9.3.1.5　计划制定

1.制定培训时间表

根据培训内容、参与员工的工作安排和时间限制,制定培训时间表。时间表应当合理安排各个培训模块的时间和顺序,确保培训过程的连贯性和高效性。

2. 确保培训资源和预算

为了顺利执行培训计划,需要适当的资源和预算支持。这可能包括培训师的资质和薪酬、培训设备和材料的采购、场地租用等。管理层应当合理安排及分配资源和预算,确保培训计划的顺利进行。

3. 培训评估和改进

在培训计划执行过程中,定期进行评估和反馈是非常重要的。通过评估培训效果,可以了解员工的学习情况和目标达成程度。根据评估结果,进行必要的改进和调整,以不断提高培训计划的质量和有效性。

建立全面的建筑工程安全培训计划需要进行需求分析、目标制定、内容设计、培训方法选择和计划制定等步骤。同时,关键要素包括研究工作场所、调研员工需求、确定培训目标、设计培训内容、选择合适的培训方法、制定培训时间表、确保培训资源和预算,以及进行培训评估和改进。通过全面考虑这些方面,可以确保员工获得必要的安全知识和技能,提高工作场所的安全性。

9.3.2　采用多样化的培训方法与工具

采用多样化的培训方法和工具对于建立全面的建筑工程安全培训计划至关重要。不同的员工可能有不同的学习风格和需求,因此通过多样化的培训方法和工具,可以更好地满足员工的学习需求,提高培训的效果和参与度。

9.3.2.1　了解不同的培训方法与工具

1. 传统的面对面培训

传统的面对面培训是一种常见的培训方法,通过专业培训师现场讲解和互动来传授安全知识和技能。这种方法可以提供实时反馈和互动机会,便于解答员工的疑惑和问题。

2. 在线学习平台

随着互联网的发展,在线学习平台提供了便捷和灵活的学习途径。员工可以根据自己的时间和进度,在任何地方通过电脑或移动设备进行学习。在线学习可以通过视频课程、互动式模块和在线论坛等形式来教授建筑工程安全知识。

3. 模拟实景培训

模拟实景培训是一种通过模拟真实工作场景进行的培训方法。通过搭建模拟工作场景及使用真实的工具和设备,员工可以在安全的环境下进行实际操作和应急处理演练。这种培训方法可以增强员工的实际操作技能和应对突发事件的能力。

4. 游戏化培训

游戏化培训是将游戏元素和机制应用于培训中的一种方法。通过设计有趣的游戏化活动和挑战,员工可以在参与游戏的过程中学习建筑工程安全知识和技能。游戏化培训可以激发员工的学习兴趣和积极性。

5. 多媒体教材和工具

多媒体教材和工具可以丰富培训内容,并提供多样化的学习方式。例如,使用视频、动画、幻灯片和图表等可以更生动地演示和解释建筑工程安全概念和操作规程。这些多媒体教材和工具可以加强员工的理解和记忆效果。

9.3.2.2　根据需求选择合适的培训方法与工具

1.考虑员工的学习风格和需求

不同的员工可能有不同的学习风格和需求。有些员工更喜欢单独学习,而有些员工可能更喜欢小组讨论和互动。在选择培训方法和工具时,应考虑员工的学习风格和需求,以提供最适合他们的学习体验。

2.量身定制培训计划

根据不同的培训目标和内容,可以选择不同的培训方法和工具来量身定制培训计划。例如,如果需要讲解复杂的安全操作步骤,面对面培训可能更合适;如果需要提升员工的应急处理能力,模拟实景培训可能更有效。

3.综合应用多种培训方法和工具

为了达到更好的培训效果,可以综合应用多种培训方法和工具。例如,可以使用在线学习平台提供基础的安全知识课程,配合模拟实景培训和面对面培训来强化操作技能和实际应用。

9.3.2.3　培训方式与工具的优缺点评估

1.评估各种培训方式和工具的优点

评估各种培训方式和工具的优点有助于确定最适合的选择。例如,面对面培训可以提供互动和实时反馈,在线学习平台可以提供灵活的学习方式,模拟实景培训可以提供真实的操作环境。

2.评估各种培训方式和工具的限制

除优点外,还要评估各种培训方式和工具的限制。例如,面对面培训可能受到时间和地点的限制;在线学习可能需要稳定的互联网连接;模拟实景培训可能需要额外的设备和成本。

3.综合考虑并选择合适的培训方式和工具

在评估优点和限制后,综合考虑不同的因素来选择适合的培训方式和工具。根据具体需求和资源可用性,权衡各项因素,制定最佳的培训方案。

9.3.2.4　实施并评估培训效果

1.实施培训计划并跟踪学习进展

根据选择的培训方式和工具,实施培训计划,并跟踪员工的学习进展。确保按计划提供培训内容并记录员工的参与和学习情况。根据培训方式的不同,可以通过在线学习平台的学习进度追踪功能、面对面培训的签到记录、模拟实景培训的观察评估等方式跟踪学习进展。

2.进行培训效果评估

在培训结束后,进行培训效果评估是必要的步骤。根据培训目标和指标,评估员工在知识、技能和态度方面的进步。这可以通过测验、考试、实际操作评估、观察评分表、学员反馈调查等方式实施。

3.分析评估结果并改进培训计划

根据评估结果,分析员工的学习成果和培训效果,发现问题和不足,并对培训计划进行改进。根据评估结果,可能需要调整培训内容、改进培训方法或引入新的培训工具。例如,如果评估结果显示员工在特定知识领域掌握不足,可以增加相关的培训模块或提供更详细的学习材料。如果评估结果显示部分员工对在线学习平台的使用不熟悉,可以加强对平台的培训和指导。

改进培训计划还可以通过定期收集员工的反馈意见来实现。员工的意见和建议是改进培训的宝贵资源。可以通过匿名调查、焦点小组讨论或个别面谈等形式,收集员工的反馈和建议,以便进一步优化培训计划。

此外,与培训相关的指标和数据也应该被记录和分析。比如,培训后事故率的变化、法规合规程度的提升、员工参与度的增加等。这些数据可以提供反馈,显示培训计划的效果和影响。

9.3.3　建立有效的安全教育体系与文化氛围

安全教育在建筑工程领域中发挥着核心作用。建筑工程涉及高风险的作业环境和复杂的工艺流程,安全教育的缺失可能导致事故和伤亡的发生。因此,建立一个有效的建筑工程安全教育体系和营造积极的文化氛围对于确保施工过程的安全是必需的。本节将以逻辑性和层次性的方式,详细阐述建立这一体系与氛围的关键要素和步骤。

9.3.3.1　建立明确的安全教育计划

1. 制定安全教育目标

为确保安全教育的有效性,需要制定明确的安全教育目标。目标应明确反映建筑工程中的主要安全风险,并设定相应的培训内容和指标。

2. 完善培训内容和形式

在确定培训内容时,应结合不同岗位和层级的员工需求,确保培训的全面性和适用性。培训形式可以采用面对面培训、在线培训、视频教材等多种方式,使培训更具灵活性和互动性。

9.3.3.2　重视安全意识和文化

1. 倡导安全文化

建立积极的安全文化是构建有效安全教育体系的核心。领导层应树立榜样,通过言传身教来倡导安全文化,鼓励员工从内心深处认同和遵循安全价值观。

2. 案例分析和事故教训

通过案例分析和事故教训,可以加深员工对安全风险和潜在危害的认识。这样的教育方式能够引起员工的共鸣,并通过实际案例告诉员工遵守安全规程的重要性。

9.3.3.3　培养专业的安全教育师资力量

1. 确保教育师资力量

培养师资力量是有效教育体系的保障。建筑公司应投资培养专业的安全教育师资,确保他们具备丰富的建筑工程安全知识和教育技巧。

2. 提供师资培训机会

定期性地为安全教育师资提供专业培训机会,使其持续加强自身的学习和发展,不断提升教育水平和能力。

9.3.3.4　多样化的安全培训形式和工具

1. 利用现代技术手段

利用现代技术手段,如虚拟现实设备、模拟演练和在线培训等,提供多样化和互动性强的安全培训形式。通过引入这些技术手段,可以提升培训的吸引力和效果。

2. 资源共享和互动讨论

建立安全培训平台,促进员工之间的资源共享和互动讨论。通过专业讲座、研讨会和安全演习等形式,加强员工之间的学习和沟通,提升安全培训的效果。

9.3.3.5　定期评估和持续改进

1. 建立评估机制

建立定期评估安全教育的机制,通过问卷调查、反馈会议和实地考察等方式,了解员工的培训效果和满意度,并及时进行改进。

2. 提供持续改进机会

鼓励员工提供改进建议,将其纳入持续改进的流程中。同时,建立反馈渠道,及时对员工提出的问题和建议做出回应,保持与员工的沟通和互动。

9.3.3.6　领导层的重视和承诺

1. 领导层的重视

领导层应高度重视安全教育的重要性,并理解其对员工安全的直接影响。领导层的重视和承诺是建立有效安全教育体系的关键。

2. 领导层的积极参与

领导层应积极参与安全教育活动,通过参与培训课程、组织安全讲座和与员工进行座谈等方式,向员工传递安全价值观和重视安全的信息。

通过建立明确的安全教育计划、强调安全意识和文化、培养专业的安全教育师资力量、提供多样化的安全培训形式和工具、定期评估和持续改进以及领导层的重视和承诺,可以构建一个有效的建筑工程安全教育体系与文化氛围。这将为建筑工程施工过程中的安全提供可靠的保障,降低事故风险,保护员工的安全和健康。建筑公司应根据实际情况和特点,制定相应的策略和计划,不断强化和完善安全教育体系,实现安全文化的全面推广与发展。

9.3.4　培训中的案例分析和实践操作

在建设有效的安全教育体系中,案例分析和实践操作是关键的教学方法。通过案例分析,员工可以深入了解真实的事故案例,并从中发现潜在的危险因素和错误行为。实践操作则为员工提供了机会,将所学知识应用于实际工作环境中,培养他们的实际技能和反应能力。

9.3.4.1　案例分析的重要性

1. 理解危险因素和错误行为

案例分析可以让员工深入了解事故发生的原因和背后的危险因素。通过分析案例,他们可以学习到不同工作环境中存在的潜在风险和可能导致事故的错误行为,从而加深对安全问题的认识和防范意识。

2. 学习事故教训和预防措施

案例分析还可以帮助员工学习从事故中得出的教训,并总结出相应的预防措施。通过深入分析案例中的事故过程和相关数据,员工可以更好地理解事故易发环节,制定相应的安全措施和操作规程,以降低事故发生的可能性。

9.3.4.2　案例分析的应用方法

1. 选择合适的案例

在进行案例分析时,需要选择与员工工作环境和任务相符合的案例。例如,在安全培训中,可以选择与高空作业、电气作业和机械操作等相关的案例,以便员工能够更直观地看到自身工作中的安全隐患和风险。

2. 分析案例的过程

案例分析的过程包括以下几个步骤:

(1)描述案例。对选定的案例进行详细描述,包括事故发生的时间、地点、原因等信息,确保员工对案例有清晰的了解。

(2)分析事故原因。通过分析事故发生的原因和背后的危险因素,帮助员工认识到导致事故发生的错误行为或缺陷。

(3)学习预防措施。根据案例,总结出相应的预防措施和安全操作规程,指导员工在类似场景下避免类似事故的发生。

(4)讨论与分享。鼓励员工积极参与案例讨论,分享自己的见解和经验。可以组织小组讨论或召开团队分享会,促进思想碰撞和共享学习。

9.3.4.3　实践操作的重要性

1. 将理论知识应用到实际工作中

实践操作是将员工在培训中学到的安全知识和技能应用到实际工作中的重要环节。通过实际操作,员工可以更好地理解和掌握安全操作规程,并培养实际应对危险和应急情况的能力。

2. 模拟演练和实际应对

模拟演练是一种常用的实践操作方法,它通过模拟真实的工作场景和事故情景,让员工亲身体验和应对不同的危险情况。在安全培训中,可以通过组织高空作业、紧急救援、火灾逃生等模拟演练,让员工在安全的环境下熟悉和掌握应对各种危险情况的操作技巧。

3. 风险评估与控制

在实践操作中,还应注重风险评估与控制。可以组织员工进行工作场所的风险评估,并提供相应的安全装备和工具,以降低工作中的危险性。员工应学会正确使用个人防护装备、操作安全设备和遵守操作规程。

9.4　建筑工程安全文化的评估与改进

9.4.1　安全文化评估的指标和方法

为了确保建筑工程的安全性,评估和改进安全文化是非常重要的。安全文化评估需要准确的指标和恰当的评估方法,以提供全面的了解和洞察力。

9.4.1.1　指标的选择与定义

安全文化评估需要明确的指标,以衡量员工对安全的认识、态度和行为。以下是一些常见的安全文化评估指标:

(1)安全意识和价值观。员工对安全意识的认识程度以及对安全价值观的理解。

(2)安全规章制度遵守。员工对安全规章制度的遵守程度和遵从性。

(3)安全沟通和参与。员工与安全相关的沟通和参与情况,包括提供安全建议、报告潜在风险等。

(4)安全行为和实践。员工在日常工作中所展示的安全行为和实践,如佩戴个人防护设备、正确使用工具和设备等。

定义这些指标的关键是将其转化为可度量的行为和观察结果,以便能够进行客观的评估。

9.4.1.2　评估方法的选择与实施

评估方法的选择应根据实际情况和需求进行,以下是一些常见的安全文化评估方法:

(1)定性评估方法。主要采用问卷调查、访谈和观察等方式进行,以了解员工对安全文化的认知和态度。通过开放性问题和小组讨论,可以获得更深入的见解。

(2)定量评估方法。使用问卷调查和数据分析等统计手段,可以量化员工对安全文化的认知和行为表现。通过标准化的问卷和量表,可以对不同员工进行比较和评估。

评估方法的实施需要确保数据的可靠性和隐私保护。问卷调查应保证匿名性,访谈和观察需要采取适当的方法和记录方式。

9.4.2　通过反馈和监控提升安全文化

评估安全文化后,通过有效的反馈和监控机制,可以提升建筑工程的安全文化。这些机制包括以下几种。

9.4.2.1　反馈和沟通机制

反馈的及时性和透明度是提升安全文化的关键因素。应建立有效的反馈和沟通机制,包括以下几点:

(1)反馈结果及时性。将评估结果及时反馈给员工和管理层,确保他们了解当前的安全文化状态。

(2)透明度和开放性。促使员工和管理层之间建立开放的沟通渠道,使员工可以提出安全改进建议和意见。

9.4.2.2　培训和教育活动

基于评估结果,可以针对性地开展培训和教育活动,以提升员工的安全意识和行为。这些活动包括以下几项:

(1)针对评估结果开展培训。根据评估结果,确定培训的重点和内容,例如加强安全意识、提供正确操作指导等。

(2)举办安全文化宣传活动。通过举办讲座、工作坊、安全竞赛等宣传活动,增强员工对安全文化的认同感和参与度。

9.4.2.3　定期监控和评估

建立定期监控和评估机制是持续提升安全文化的重要手段。该机制应包括以下步骤：

（1）建立监控机制。确保对安全文化的关键指标进行持续监测和记录，例如使用反馈调查、观察活动或安全绩效指标。

（2）追踪改进进展。跟踪分析评估结果，检查改进措施的实施效果，并及时调整和改进安全文化促进措施。

9.4.3　制定改进措施并跟踪实施效果

评估安全文化后，制定改进措施并跟踪实施效果至关重要。以下是一些关键步骤。

9.4.3.1　制订改进计划

制订改进计划需要根据评估结果和优先级设定明确的目标和措施，包括以下步骤：

（1）优先级和目标设定。根据评估结果和风险程度，确定改进优先级和具体目标。

（2）制定改进措施。根据评估结果，制定改进措施，包括教育培训、流程改进、设备更换等。

9.4.3.2　实施改进措施

实施改进措施需要充分投入资源和获得相关部门和员工的支持，包括以下步骤：

（1）资源投入和支持。提供所需资源，例如人力、物资和技术支持，确保改进措施的有效实施。

（2）参与和合作。鼓励各部门和员工的积极参与和合作，形成全员推动的改进氛围。

9.4.3.3　跟踪实施效果

对改进措施的实施效果进行跟踪和评估，包括以下步骤：

（1）监测和测量。建立监测指标和测量机制，如安全事故率、员工投诉率等，以评估改进措施的效果。

（2）反馈和调整。根据实施效果的反馈，及时调整改进措施，以确保改进过程的持续优化。

9.5　建筑工程安全文化的案例研究与推广

9.5.1　案例研究：成功的建筑工程安全文化实践

成功的建筑工程安全文化实践案例提供了宝贵的经验和启示，可以借鉴和推广。以下是一个成功的建筑工程安全文化实践案例。

案例背景：一家建筑公司在过去曾发生多起严重的安全事故，引起了公众和监管部门的广泛关注。公司决定优先关注安全问题，并全面改善安全文化，确保安全成为公司工作的核心价值。

行动计划如下所述：

（1）领导层承诺。公司领导层对安全的重视和承诺是推动安全文化改善的关键。领导层制定了明确的安全目标,并与员工共同参与安全改善计划。

(2)培训与意识提高。公司开展了全员安全培训和意识提高活动,包括介绍安全规章制度、安全操作指导和紧急情况应对培训等。培训内容注重实践和案例分享,以提高员工的实际操作能力和安全意识。

(3)安全沟通与员工参与。公司建立了开放和透明的安全沟通渠道,鼓励员工提供安全建议和反馈。定期举行安全会议,讨论和解决潜在的安全隐患和改进措施。

(4)奖惩机制。公司引入了奖惩机制,对安全表现突出的员工进行奖励,同时对违反安全规定的员工进行惩罚。奖惩机制激励了员工的积极参与和合规行为。

(5)审查和监督机制。公司建立了对安全文化实施的定期审查和监督机制。外部专业机构对公司的安全管理体系进行评估和认证,确保符合相关法规和标准。内部监督部门定期进行安全检查和巡查,发现问题及时纠正。

(6)培养安全领导者。公司鼓励并培养安全领导者。安全领导者对安全问题高度关注,积极引领团队,推动安全改进和实践。他们起到榜样和推动的作用,帮助建立积极的安全文化。

(7)持续改进和学习。公司将安全文化作为持续改进的一部分,通过定期的评估和反馈机制,收集员工的意见和建议,不断改进及优化安全管理措施和培训内容。同时,公司积极跟踪行业最新的安全标准和技术,分享最佳实践和经验。

9.5.2　分析成功案例的关键要素和经验

成功案例的分析可以提取出一些关键要素和经验,供其他建筑工程公司借鉴和应用。下面是分析成功案例的关键要素和经验:

(1)领导层的承诺和参与是推动安全文化改善的关键。他们需要明确表达对安全的重视,并与员工共同参与安全改进计划。

(2)培训和意识提高是建立安全文化的重要手段。培训内容应注重实践和案例分享,提高员工的实际操作能力和安全意识。

(3)安全沟通和员工参与是形成积极安全文化的关键。公司需建立开放和透明的沟通渠道,鼓励员工提供安全建议和反馈。

(4)奖惩机制可以激励员工的积极参与和合规行为。适当的奖励和惩罚可以强化安全意识和行为规范。

(5)审查和监督机制确保了安全文化的持续执行和改进。定期的评估和认证,以及内部监督机构的检查和巡查,可以发现问题并及时纠正。

(6)培养安全领导者是建立积极安全文化的重要步骤。安全领导者能起到榜样和推动作用,可帮助建立安全的工作氛围和价值观。

(7)持续改进和学习是建立和保持安全文化的关键。公司需要不断优化和完善安全管理措施,同时跟踪行业最新的安全标准和技术。

9.5.3　推广建筑工程安全文化的策略与方法

根据成功案例的经验,推广建筑工程安全文化需要有针对性的策略和方法。以下是一些推广建筑工程安全文化的策略和方法：

（1）宣传和沟通。通过内部和外部宣传活动，向员工和外界传达公司对安全的重视，展示安全文化实践的成果和经验。

（2）整体策略和计划。制订明确的安全文化推广策略和计划。该计划应包括目标设定、具体的行动步骤和时间表，以及相关资源的调配。

（3）培训和教育。提供针对不同岗位和层级的员工的安全培训和教育课程。培训内容应包括安全规章制度、操作指导、紧急情况应对等。培训形式包括面对面培训、在线培训和模拟演练等。

（4）奖惩激励机制。建立奖惩激励机制，激励员工积极参与安全活动和遵守安全规定。奖励可以是物质奖励、嘉奖证书或其他形式的认可，而惩罚措施应公正和合理。

（5）建立监督和评估体系。建立定期的安全文化监督和评估机制，包括进行安全巡查、安全检查、安全纪律考核等，确保安全文化的持续执行和改进。

（6）培养安全领导者。通过培训和选拔，培养具备良好安全领导能力的员工。这些安全领导者能够在各个层级上展示安全意识和实践，引领整个团队。

（7）持续改进和学习。建立一个持续改进和学习的机制，鼓励员工提供安全改进的意见和建议，并及时落实相关改进措施。同时跟踪业界最新的安全技术和标准，不断更新和升级安全管理措施。

（8）营造良好的安全文化氛围。注重塑造良好的安全文化氛围，让员工对安全有自觉、自律和自我约束的意识。这可以通过举办安全主题活动、组织安全参观和讲座等方式实现。

通过以上策略和方法，可以逐步推广和建立有效的建筑工程安全文化。重点在于整体规划、培训教育、激励机制和持续改进的循环，以及领导层的坚定承诺和积极参与。建筑公司应根据自身情况和特点，灵活运用这些策略和方法，逐步提升安全文化水平，并确保员工的安全和健康。

第 10 章　建筑工程安全风险控制与
应急管理的信息化支持

10.1　建筑工程安全风险控制与应急管理信息化基础

在建筑工程安全风险控制与应急管理中,信息化基础起着关键的作用。它包括硬件设施、网络通信、数据采集与存储和软件系统等要素。这些基础设施为建筑工程的安全监测、控制和应急响应提供了支持。本节将详细阐述这些信息化基础要素的关键特点和功能。

10.1.1　硬件设施

硬件设施是建筑工程安全信息化基础的重要组成部分。它包括各种传感器、监测设备、通信设备以及计算设备等。这些设施负责采集建筑工程运行过程中的相关数据,并将其传输到后续的数据处理和决策系统中。

在建筑工程安全监测方面,硬件设施可以部署各类传感器,如温度传感器、湿度传感器、压力传感器、振动传感器等。这些传感器可以实时地监测建筑物内外的环境参数和结构状态,提供数据基础。

在建筑工程安全控制方面,硬件设施包括报警装置、灭火系统、安全防护设施等。这些设备能够及时发现建筑工程中的异常情况,并采取相应的保护措施,以减少潜在的风险。

在建筑工程应急响应方面,硬件设施包括应急通信设备、避难所设施、监控摄像头等。这些设备可以在紧急情况下向相关人员提供及时的通信和信息支持,帮助协调应急工作。

总之,硬件设施是信息化基础的实际执行者,通过采集和传输数据,为后续的安全控制和应急响应提供支持。

10.1.2　网络通信

网络通信是建筑工程安全信息化的重要环节。它提供了各个设备之间的连接和数据传输通道,使得数据可以在不同设备之间进行交流和共享。

对于建筑工程的安全监测来说,网络通信可以实现传感器和监测设备与数据中心的实时连接。传感器采集到的数据可以通过网络传输到数据中心,进行进一步的处理和分析。同时,数据中心也可以通过网络将控制指令传输到相应的设备,实现对建筑工程的远程控制。

对于建筑工程的安全控制和应急响应来说,网络通信可以实现各个设备之间的数据共享和协同工作。不同的控制设备和应急设备可以通过网络连接,共同完成对建筑工程的安全控制和协调响应。

在网络通信中,安全性是一个重要的考虑因素。建筑工程涉及的信息具有敏感性,因此必须采取相应的安全措施,防止数据的泄露和篡改。安全措施包括数据加密、身份验证、访问控制等。

10.1.3　数据采集与存储

数据采集与存储是建筑工程安全信息化的核心环节。它涉及从各类传感器和设备中采集数据,并将其存储到相应的数据库或存储系统中。

数据采集可以通过传感器和监测设备对建筑工程中的各类参数和状态进行实时或定期地收集。这些数据包括温度、湿度、压力、振动、电流、电压等多个方面。通过数据采集,可以获取建筑工程的运行状况和安全状态。

数据存储可以采用不同的方式,如关系数据库、分布式存储系统、云存储等。适当的存储方式可以根据数据的规模、处理需求、实时性要求等因素来确定。数据存储系统应具备较高的可靠性和可扩展性,以保证数据的完整性和访问的效率。

此外,数据采集与存储也要考虑数据的质量和准确性。在数据采集过程中,应确保传感器和监测设备的准确性和稳定性。在数据存储过程中,应建立有效的数据校验和验证机制,以确保数据的准确性和可靠性。

10.1.4　软件系统

软件系统是建筑工程安全信息化的重要组成部分。它负责对采集到的数据进行处理、分析和决策,提供相应的安全监测、控制和应急响应功能。

在建筑工程安全监测方面,软件系统可以对采集到的数据进行实时监测和分析。利用数据处理和算法模型,软件系统可以实时地识别出异常情况和风险因素,并发出预警或报警。同时,软件系统也可以实时地展示建筑工程的安全状况和趋势,为相关人员提供决策支持。

在建筑工程安全控制方面,软件系统可以根据监测数据和预警信息,制定相应的控制策略和应急措施。例如,根据火灾预警系统的数据,软件系统可以自动触发灭火系统,同时向相关人员发送警报信息,提醒其采取必要的逃生措施。

在建筑工程应急响应方面,软件系统可以实现对紧急事件的快速响应和协调。它可以整合不同设备和资源的信息,进行智能调度和指挥。例如,在地震发生后,软件系统可以自动识别出人员被困的区域,并向救援人员提供最佳路径和救援方案。

软件系统的功能还可以根据具体需求进行扩展和定制。例如,可以开发建筑工程安全管理系统,用于建筑工程的全面管理和安全评估。还可以开发移动应用程序,让相关人员通过手机或平板电脑随时获取建筑工程的安全信息和处理指南。

除了功能性需求,软件系统还应考虑可靠性、安全性和可扩展性。它应具备高可靠性,以保证系统的稳定运行和数据的准确性。同时,应采取必要的安全措施,防止恶意攻击和数据泄露。此外,软件系统还应具备可扩展性,以适应建筑工程规模的不断变化和技术的更新升级。

综上所述,硬件设施、网络通信、数据采集与存储以及软件系统是建筑工程安全信息化的关键基础要素。它们相互协作,实现建筑工程的安全监测、控制和应急响应功能。合理规划和应用这些信息化基础,可以提高建筑工程的安全性、可靠性和应急响应能力。

10.1.5　大数据与案例分析

在建筑工程安全风险控制与应急管理信息化中,大数据和案例分析是两个重要的支持手段。它们能够帮助识别潜在的风险因素、提供决策依据,并优化安全管理策略。

大数据分析可以利用建筑工程中产生的海量数据,挖掘出隐藏在数据中的有价值的信息。通过对数据的处理、分析和建模,可以发现建筑工程中的异常模式、趋势,并与历史数据进行比对,提前预警潜在的安全风险。例如,通过分析建筑物的能耗数据和环境数据,可以发现能源浪费、设备故障等问题,并采取相应的措施进行优化和修复。另外,大数据还可以用于建筑工程风险评估和预测。通过建立风险模型和利用大数据进行模拟推演,可以评估不同风险因素的影响程度,并采取相应的控制策略。

案例分析是通过研究历史事故案例,总结经验教训,形成安全管理的规范和指南。通过对过往事故的深入研究和分析,可以识别出导致事故发生的共性或特殊因素,并根据这些因素制定措施,以预防类似事件的发生。案例分析还可以用于培训和教育,帮助相关人员充分认识安全风险,并准确把握应对策略。此外,案例分析还可以作为重要的管理工具,在建筑工程的整个生命周期中指导安全管理的实施。

大数据和案例分析可以相互辅助,形成信息化支持安全风险控制与应急管理的强大力量。大数据提供了实时的数据分析和决策支持,帮助识别和预测潜在风险;案例分析借鉴历史经验,提供了实践指导和教训,弥补了大数据分析的不足。

然而,在应用大数据和案例分析时也面临一些挑战。其中包括数据的可靠性和隐私保护。保证数据的质量和可信度是进行有效分析的前提,同时需要遵守相关的隐私法规和政策,确保数据处理和共享的合法性和安全性。另外,大数据和案例分析也需要建立相应的技术和方法体系,使其在实际应用中更加可行和有效。

10.1.6　人工智能技术的应用

人工智能技术的发展为建筑工程安全风险控制和应急管理带来了新的机遇与挑战。人工智能可以应用于数据分析、预测模型、智能算法等方面,提高安全管理的效率和精确度。

在数据分析方面,人工智能可以通过机器学习和深度学习算法,自动识别数据中的模式和趋势,发现建筑工程的潜在风险因素。与传统的手动分析相比,人工智能能够更加高效地处理大数据,并发现更为复杂和细微的关联关系。

在预测模型方面,人工智能可以通过分析历史数据和实时数据,构建预测模型来预测建筑工程的安全状况和可能发生的事故。预测模型可以基于机器学习算法进行训练,并根据实时数据的更新进行实时预测和预警。这能够帮助相关人员及时采取措施,避免事故的发生。

在智能算法方面,人工智能可以提供更加智能化的安全决策支持。基于人工智能的决策系统可以结合各类数据和信息,进行多因素分析和综合评估,从而提供全面而准确的决策建议。这有助于相关人员做出科学、有效的安全决策,并及时应对潜在的风险。

人工智能技术的应用也面临一些挑战和考验,其中之一是数据的质量和准确性。人工智能算法的训练和应用需要大量高质量的数据,而且数据的不准确或偏差可能会影响结果的准确性。因此,确保数据的质量和准确性尤为重要。另外,人工智能算法的透明性和可解释性也是一个关注点,尤其在涉及安全决策的领域,需要清晰解释算法如何得出结果,并保证结果的可信度和可行性。

总的来说,人工智能技术为建筑工程安全风险控制与应急管理带来了巨大的潜力和机遇。通过信息化的支持,人工智能可以提供更加智能、高效的建筑工程安全管理和应急响应能力,提高工程的安全性和可靠性。

10.2　建筑工程安全风险控制与应急管理信息化系统建设

建筑工程安全风险控制与应急管理信息化系统是为了提高建筑工程安全管理水平和应急响应能力而建立的一套系统。这一系统由风险监测与控制系统、应急响应系统、数据分析与决策支持系统、综合管理平台等部分组成。下面将详细介绍每个子系统的功能和特点。

10.2.1　风险监测与控制系统

风险监测与控制系统是建筑工程安全信息化系统的核心部分,主要用于实时监测和控制建筑工程中的安全风险,并采取相应的措施加以控制。该系统具备以下功能和特点:

(1)实时监测与预警。风险监测与控制系统通过传感器和监测设备实时采集建筑工程中的各项数据,如结构安全监测、火灾报警、温湿度监测等,可以及时发现异常情况,并提供预警通知。

(2)风险评估与分类。通过收集和分析历史数据和案例,系统可以对建筑工程中的各类风险进行评估和分类。基于风险评估结果,可以制定相应的风险控制策略和应急预案。

(3)风险控制与监控。系统可以根据风险评估的结果和实时监测数据,提供风险控制的建议和措施,并监控其实施情况。例如,在发生火灾风险时,系统可以自动启动灭火装置,并实时监测灭火装置的运行状况。

(4)信息整合与交互。风险监测与控制系统可以整合来自不同监测设备和传感器的数据,形成全面的风险监测信息。同时,通过交互界面和报警通知,可以及时向相关人员提供风险信息和应急通知。

(5)远程管理与调度。系统支持远程管理和调度,可以通过互联网或移动设备实现对建筑工程安全风险的远程监控。相关人员可以随时了解工程的安全状况,并进行远程的风险控制和应急指挥。

风险监测与控制系统通过实时监测、预警和风险控制,可以减少建筑工程中的安全事故风险,确保工程的安全运行。

10.2.2　应急响应系统

应急响应系统是针对建筑工程安全事故和突发事件而设计的一套应急管理系统,可帮助相关人员迅速响应和处理紧急情况。应急响应系统具备以下关键功能:

(1)事件识别与报警。事件识别与报警技术在提高建筑工程安全性方面发挥着重要作用。例如,Ai 等(2009)提出了一种名为真实延迟有界事件检测系统(ADBEDS),该系统能够在无线传感器网络中实时监测事件并确保报警信息的安全传输,同时优化能源使用以延长网络寿命。此外,Vu 等(2007)研究了在无线传感器网络中如何高效地检测复合事件,以满足事件报警应用中对及时性、能源保护和监控质量的要求。这些研究展示了通过利用现代技术,可以有效地识别紧急事件并通过多种方式及时通知相关人员,从而提高应急响应的效率和安全性。

(2)任务分配与追踪。应急响应系统利用物联网技术,能够根据事件的紧急程度和类型自动分配任务给相应的应急人员,并有效追踪任务执行情况。Li 等(2014)研究表明,这种系统通过集成先进的数据处理和群体决策支持技术,可以显著提高决策的速度和共识的形成,确保应急响应的高效进行。这种方法不仅加快了对紧急情况的响应速度,还提高了任务分配和执行的准确性,保障了应急管理工作的有效性和效率。

(3)信息共享与协作。信息共享与协作是提高应急响应效率的关键。例如,Petrenj 等(2013)在其综述中强调了信息共享和协作对于提高危机响应的有效性和效率的重要性,尤其是在没有单一组织拥有所有必要资源、拥有所有相关信息或拥有应对所有类型极端事件专业知识的情况下。

(4)基础设施支持。在紧急情况下,可靠的基础设施支持对于确保应急响应系统稳定运行至关重要。Stute 等(2020)提出了 RESCUE 框架,强调了在灾难发生时,现有的通信基础设施可能会受损或瘫痪,因此移动设备通过设备对设备的通信网络形成备份通信网络非常重要。这种分布式和资源受限的网络特别容易受到各种攻击,因此需要具备抵御这些攻击的安全措施,以保障紧急通信网络的可靠性和安全性。

(5)数据分析与总结。系统可以对应急响应过程进行数据分析和总结,以改进应急管理策略和提升响应效能。通过分析历史事件数据和应急响应的关键指标,可以总结经验教训,优化应急预案和流程。

应急响应系统通过快速响应和高效处理突发事件,能够最大程度地减少事故损失并保护工程的安全。

10.2.3　数据分析与决策支持系统

数据分析与决策支持系统在建筑工程安全信息化中扮演着重要角色。该系统基于收集到的大量数据进行深入分析和挖掘,以提供决策支持和优化安全管理策略。

数据分析与决策支持系统具备以下功能和特点:

(1)数据采集与清洗。系统能够自动采集来自风险监测与控制系统、应急响应系统等各个子系统的数据,并对数据进行清洗和整理,确保数据的准确性和完整性。

(2)数据分析与挖掘。系统通过应用数据分析和挖掘技术,对采集到的数据进行深入分析,探索数据背后的规律和关联性,发现潜在的风险和安全问题。

（3）风险评估与预测。基于数据分析的结果,系统可以进行风险评估和预测,提供定量化的风险评估报告和预警信息。这有助于制定有效的风险管理策略和决策。

（4）决策支持与优化。系统通过数据分析和模拟仿真,为决策者提供多个方案的比较和评估,帮助其做出科学合理的决策。同时,系统还能够根据实时数据和预测模型,对决策进行动态调整和优化。

（5）报告与可视化展示。系统能够生成详细的数据分析报告和可视化图表,直观地展示建筑工程安全情况和趋势。这有助于管理层和决策者快速了解工程的安全状况,并做出相应的决策和调整。

10.2.4　综合管理平台

综合管理平台是建筑工程安全信息化系统的总控制台,用于集成和管理风险监测与控制系统、应急响应系统、数据分析与决策支持系统等各个子系统。综合管理平台是建筑工程安全信息化系统的核心控制中心,实现了各个子系统的集成与管理,提供了全面的监控、分析和优化功能,为建筑工程的安全管理和应急响应提供了有力支持。

建筑工程安全风险控制与应急管理的信息化系统包括风险监测与控制系统、应急响应系统、数据分析与决策支持系统和综合管理平台等部分。这些子系统通过实时监测、预警、风险控制、任务分配、数据分析、决策支持和统一管理,提供了全面的风险控制、应急响应和数据驱动的安全管理能力。该信息化系统能够提高建筑工程的安全管理水平和应急响应能力,减少事故风险和损失,保障工程的安全运行。随着技术的发展和应用的推广,建筑工程安全信息化系统将进一步完善和发展,为建筑工程提供更高效、智能化的安全保障。

10.3　建筑工程安全风险控制与应急管理信息化案例分析

建筑工程安全风险控制与应急管理信息化系统在实践中已经取得了广泛的应用和成效。本节将通过 3 个具体案例,分别对实时监测与预警系统、建筑火灾应急管理系统和施工工地安全管理系统进行详细分析。

10.3.1　实时监测与预警系统案例

实时监测与预警系统是建筑工程安全信息化系统的核心部分,下面通过一个案例来说明其在实际应用中的效果。

10.3.1.1　案例描述

某高层建筑采用了结构安全监测系统,以实现对建筑结构安全风险的实时监测和预警。该系统包括传感器网络、数据采集与处理平台以及预警通知系统。

（1）传感器网络。在建筑结构的关键部位安装了各类传感器,如应变传感器、位移传感器、温度传感器等,用于对结构的力学变化、变形和温度等进行实时监测。

（2）数据采集与处理平台。传感器采集到的数据通过网络传输到数据采集与处理平台,实现数据的存储、处理和分析。平台利用先进的数据处理和大数据分析技术,对结构的各项指标进行实时监测和分析。

(3)预警通知系统。当结构的监测数据超过设定的安全门限时,系统会自动发出预警通知。预警通知可以通过手机短信、电子邮件等多种方式传达给相关人员,确保及时采取措施。

10.3.1.2　效果评估

实施实时监测与预警系统后,对该高层建筑的结构安全管理产生了以下显著效果:

(1)及时发现结构变形。系统能够实时监测建筑结构的变形情况。当变形超过安全范围时,系统会发出预警通知,提醒相关人员进行检修和处理,避免了潜在的安全风险。

(2)灵活调整维护计划。通过对结构监测数据的处理和分析,系统可以为建筑维护计划提供科学的依据。管理人员可以通过分析数据,了解结构的状态和演化趋势,从而灵活调整维护计划,避免了不必要的维护成本和时间。

(3)提高应急响应能力。实时监测与预警系统能够迅速发现结构异常情况并发出预警通知,使得相关人员能够迅速做出应急响应。例如,在发现结构位移过大时,可以立即采取措施,避免发生严重事故。

(4)数据积累与分析。通过长期的数据采集和分析,系统能够积累大量的建筑结构监测数据。这些数据可以被用于建立模型和算法,进一步优化结构的安全管理策略。通过数据分析,可以发现结构的隐患和薄弱环节,有针对性地进行加固和改进,提升整体的安全性能。

(5)安全文化建设。实时监测与预警系统的使用促进了建筑工程中的安全文化建设。通过系统的预警通知和应急响应,员工对安全问题的重要性和紧迫性有了更深入的认识。同时,及时的预警和处理也提高了员工的安全意识和应对能力,减少了事故发生的可能性。

综上所述,实时监测与预警系统在建筑工程安全风险控制与应急管理中具有重要的作用。通过实时监测建筑结构的变形和状态,以及及时发出预警通知,系统能够帮助管理人员提前发现潜在风险,做出相应的应急响应,降低事故发生的风险。此外,数据积累与分析也为安全管理策略的优化提供了依据,同时促进了安全文化的建设。

10.3.2　建筑火灾应急管理系统案例

建筑火灾是一种严重的安全风险,因此建筑火灾应急管理系统的信息化支持显得尤为重要。下面通过一个案例来介绍建筑火灾应急管理系统的具体应用。

10.3.2.1　案例描述

某商业综合体采用了建筑火灾应急管理系统,以提高对火灾风险的监控和应急响应能力。该系统主要包括火灾监测设备、火灾报警系统、应急指挥中心和火灾演练模拟系统。

(1)火灾监测设备。商业综合体通过在关键区域安装烟雾探测器、温度传感器和火焰探测器等设备,实现对火灾的实时监测。这些设备能够准确感知火灾的起火点和火势扩散情况。

（2）火灾报警系统。一旦火灾监测设备检测到火灾的存在,火灾报警系统会自动触发,并发出声光报警信号。同时,报警信息还会通过应急指挥中心的系统进行传输,通知相关人员进行应急处理。

（3）应急指挥中心。商业综合体建立了专门的应急指挥中心,负责火灾应急管理工作。该指挥中心配备了灵活的应急响应机制、相应的通信设备和各类应急资源。当火灾发生时,指挥中心会立即启动应急计划,指挥相关人员进行疏散和灭火工作,并与外部救援机构协调联动。

（4）火灾演练模拟系统。商业综合体还通过火灾演练模拟系统进行定期的火灾应急演练。这种模拟系统可模拟各类火灾场景,包括火势蔓延、疏散指引等,以使应急人员能够在真实火灾发生时做出正确的应对。

10.3.2.2　效果评估

实施建筑火灾应急管理系统后,对该商业综合体的火灾应急管理产生了以下重要的影响:

（1）提高火灾监测准确性。火灾监测设备能够实时、准确地检测到火灾的存在。对火灾的早期监测,能够帮助人员及时发现火灾,争取更多的撤离时间和灭火时间。

（2）快速响应与联动。火灾报警系统的及时触发以及应急指挥中心的启动,使得相关人员能够快速响应火灾事件。指挥中心的联动协调作用,可以及时调度各类资源和救援力量,提高火灾救援的效率和准确性。

（3）疏散和救护指引。应急指挥中心利用应急管理系统,可以快速向人员发出疏散和救护指引。这样,被困人员可以及时获得安全的疏散路线和救护方案,减少人员伤亡。

（4）演练与培训。通过火灾演练模拟系统的使用,应急人员能够在没有真实火灾的情况下进行实战演练。这种虚拟的演练能够使应急人员提高应对能力和积累处置经验,提高整体的火灾应急管理水平。

综上所述,建筑火灾应急管理系统通过实时监测、快速响应和科学指挥,提高了建筑火灾的监控和应急管理能力。通过火灾监测设备的安装和火灾报警系统的触发,能够实现对火灾的早期发现和快速响应。应急指挥中心的运行以及火灾演练模拟系统的使用,进一步提高了应急人员的应对能力和整体的火灾应急管理水平。

10.3.3　施工工地安全管理系统案例

施工工地是安全风险较高的环境,因此采用安全管理系统进行信息化支持,能够提升施工工地的安全管理效果。下面通过一个案例来说明施工工地安全管理系统的应用。

10.3.3.1　案例描述

某大型施工工地引入了安全管理系统,以提高施工工地的安全管理效果。该系统主要包括安全监控设备、人员管理系统、风险识别与预警系统和安全培训系统。

（1）安全监控设备。工地安装了摄像头、监控设备等安全监控设备,通过实时监控和录像功能,对工地内的安全情况进行全面监测。这些设备可以实时传输视频画面,提供对安全问题的直观观察。

（2）人员管理系统。通过人员管理系统,可以对工地内人员进行统一的管理和监督。

该系统可以进行人员身份验证、考勤管理、培训记录等功能,有效控制外来人员的进入,并保障合格人员的到位和安全培训的开展。

(3)风险识别与预警系统。系统中的风险识别与预警模块可以对工地内潜在的危险点进行识别和预警。通过对施工现场的数据采集和分析,识别出存在安全风险的区域和环节,并提前发出预警通知,避免事故的发生。

(4)安全培训系统。工地内的施工人员可以通过安全培训系统进行线上安全培训,提高其安全意识和应对能力。该系统通过在线培训模块,提供安全知识的学习和应用,使得施工人员可以随时随地进行培训,并及时更新安全操作规程。

10.3.3.2　效果评估

实施施工工地安全管理系统后,对工地安全管理产生了以下显著的影响:

(1)实时监测与预警。通过安全监控设备和风险识别与预警系统,工地安全管理人员能够实时对工地安全情况进行监测和预警。一旦发现异常情况,可以立即采取相应的应急措施,保证工地内人员和设施的安全。

(2)人员管理和考勤。通过人员管理系统的使用,可以对进入工地的人员进行身份验证和考勤管理,控制工地人员的数量和质量,确保合格人员的到位和安全培训的开展,降低了工地内人员的安全风险。

(3)风险识别与预警。通过风险识别与预警系统的应用,能够及时识别工地内存在的安全风险,并提前发出预警通知。这有助于工地安全管理人员及时采取措施,避免潜在的事故发生。

(4)安全培训和意识提升。通过安全培训系统的使用,施工工地的员工能够随时接收到最新的安全培训内容,并进行在线学习。这提升了员工的安全意识和应对能力,使施工工地的整体安全管理水平得到了提高。

(5)信息化支持。施工工地安全管理系统提供了信息化支持,将工地内的安全管理数据集中管理和分析。通过系统中的数据采集和处理模块,可以实时监测施工工地的安全指标,并生成相应的报表和分析结果。这些数据和分析结果为管理人员提供了决策支持,帮助他们及时识别工地存在的安全问题,并采取相应的措施加以解决。

(6)效率提升。施工工地安全管理系统的信息化支持可以提高安全管理的效率。通过自动化的数据采集和处理,减少了手工记录和整理的工作量,降低了出错的概率。管理人员可以更加便捷地获取工地的安全信息,快速做出决策和调整,提高安全管理的效率和准确性。

(7)风险可视化。施工工地安全管理系统通过数据的可视化展示,将工地的安全状况直观地呈现给管理人员。通过图表、报表和实时监控画面,管理人员可以一目了然地了解工地的安全情况,发现异常和潜在的风险,及时采取措施降低风险,并进行合理的资源调配。

(8)整合协同。施工工地安全管理系统可以与其他管理系统进行整合和协同操作。例如,与项目管理系统、质量管理系统和成本管理系统等进行数据的互通和共享,实现施工工地各个管理领域之间的协同工作。这样一来,不仅可以提高工地管理的整体效果,还能够减少信息传递和数据重复录入的工作量。

（9）移动应用。随着移动技术的普及，施工工地安全管理系统可以开发移动应用程序，让管理人员在现场进行实时的安全管理。他们可以使用智能手机或平板电脑，随时随地查看工地的安全数据、接收预警信息、进行安全检查和报告等。

尽管施工工地安全管理系统在提高安全管理效果方面具有诸多优势，但也面临着一些挑战和限制，其中包括：

（1）数据质量。系统所依赖的数据质量对于安全管理的准确性和可靠性至关重要。若数据记录不准确、缺失或存在误差，将对管理人员的决策产生负面影响。因此，确保施工工地安全管理系统中数据的准确性和完整性是一个重要的挑战。

（2）信息系统支持。施工工地安全管理系统需要一个稳定、可靠的信息系统来支持其运行，包括网络连接、设备配置和软件支持等方面的要求。保障系统的稳定运行和及时维护需要投入相应的资源和技术支持。

（3）人员技术能力。为了正确使用和操作施工工地安全管理系统，管理人员需要具备一定的技术能力和培训。对于一些技术水平相对较低或缺乏信息化应用经验的管理人员来说，学习和适应可能需要一定的时间和培训成本。

随着技术的进步和应用经验的积累，施工工地安全管理系统将进一步完善和发展。未来，随着物联网、人工智能和大数据等技术的成熟应用，施工工地安全管理系统将更加智能化和自动化，为建筑工地提供更高效、安全的管理支持。

10.4　建筑工程安全风险控制与应急管理的大数据应用

10.4.1　大数据分析与建模

大数据分析与建模是将大数据技术应用于建筑工程安全风险控制与应急管理的重要手段。通过收集和整合建筑工程相关的大规模数据，对这些数据进行分析和挖掘，从而发现潜在的风险，并用于建立预测模型和决策支持系统。

张迈（2018）强调，企业应通过管理系统、宣传、监控和培训加强可靠性管理和安全风险控制机制，以提高生产和管理的可靠性和安全性。王禹杰等（2016）指出，基于 BIM 的信息模型可以提高工程项目中建筑供应链的效率、技术水平和生产效率。

（1）数据收集与整合。为了进行大数据分析和建模，需要收集和整合不同来源的建筑工程数据，包括施工现场数据、传感器数据、监控视频数据等。这些数据可以通过物联网技术和传感器网络进行实时采集，并结合现有的数据源，形成一个全面的数据集。

（2）数据清洗与预处理。大数据通常伴随着数据质量和一致性的挑战。在进行分析前，需要进行数据清洗与预处理，包括去除噪声、处理缺失值和异常值，确保数据的准确性和完整性。

（3）风险识别与挖掘。通过大数据分析技术，可以对建筑工程数据进行深入挖掘，发现潜在的风险和异常情况。例如，通过对施工现场数据的分析，可以发现不符合安全规范的行为或设备，及时采取措施进行干预和纠正。同时，还可以应用机器学习和数据挖掘算法，识别出与安全相关的规律和模式，为风险控制提供参考和依据。

（4）建立预测模型。基于大数据分析结果，可以建立建筑工程安全风险的预测模型。通过对历史数据的分析和建模，可以预测未来可能的安全风险和事件，并提前采取预防措施。预测模型可以借助机器学习和人工智能技术，不断优化和更新，提高建筑工程安全风险管理的准确性和效率。

（5）决策支持系统。基于大数据分析和建模结果，可以开发建筑工程安全风险管理的决策支持系统。该系统可以将分析结果可视化呈现，为管理人员提供实时的风险指标、预警信息和决策建议，帮助他们做出及时、准确的决策。决策支持系统还可以进行模拟和优化，帮助评估不同的风险控制策略，提高管理决策的效果和可靠性。

10.4.2　建筑工程安全风险预测与评估

大数据在建筑工程安全领域的一个重要应用是风险预测与评估。通过对大规模建筑工程数据的分析和建模，可以预测和评估潜在的安全风险，从而提前采取措施避免事故和降低风险。

Rajalakshmi（2019）指出，大数据预测分析可以通过分析来自分包商、材料供应商、设计计划和现场的数据来管理建筑项目中的风险，识别最高风险元素，并提供更准确的风险评估。

Zhao 等（2021）指出，在电力工程建设中，大数据技术可以帮助识别和分析安全风险因素，其中人员影响最大，占 34.51%，其次是建筑环境，占 29.12%。Cai 等（2022）指出，大数据可以有效反映高风险企业的生产和停产状态，促进城市应急管理系统的建设。Kostyunina（2018）指出，大数据技术可以用于建筑公司中的风险分析和评估，创建未来使用的解决方案模式。

（1）数据收集与整合。建筑工程安全风险预测与评估需要大量的建筑工程数据，包括工程设计、施工记录、设备参数、环境数据等。这些数据可以通过物联网设备、传感器和监测系统实时采集，并与现有的数据源进行整合。

（2）特征提取与选择。通过对大规模建筑工程数据的分析，可以提取出与安全风险相关的特征和指标。这些特征包括施工现场的温度、湿度、噪声等环境因素，设备的使用情况和参数，工人的工作历史等。然后，根据特征的重要性和相关性，进行特征选择，筛选出最具影响力的特征用于风险预测和评估。

（3）风险模型建立。借助机器学习和数据挖掘技术，可以建立建筑工程安全风险的预测模型。通过对历史数据的学习和训练，模型可以学习到不同因素与安全风险之间的关系，并进行预测。常用的预测模型包括回归模型、决策树、支持向量机和神经网络等。

（4）风险评估与优化。基于建立的风险模型，可以进行风险评估和优化分析。通过将模型应用于实际建筑工程数据，可以评估当前风险水平并识别潜在的高风险区域和环节。同时，还可以通过模型进行优化分析，探索不同的风险控制策略，以提高建筑工程安全的整体水平。

（5）预警与决策支持。基于风险预测和评估的结果，可以开发预警系统和决策支持系统，及时提醒管理人员潜在的风险和安全隐患，并提供相应的决策建议。例如，当预测模型识别出某个建筑工程环节存在高风险时，系统可以自动发送预警信息，并推荐相应的安全措施和调整方案。

10.4.3　大数据在应急响应中的应用

大数据在建筑工程安全应急响应中具有重要的应用价值。在发生事故或紧急情况时，通过对大数据的分析和利用，可以及时了解事态发展和灾害影响，并采取相应的应急响应措施。

Meng 等（2022）指出，大数据技术可以通过分析和预测工人行为、整合大数据技术与建筑管理，以及预测安全事故来提高建筑安全性。Yi 和 Wu（2020）指出，大数据和人工智能结合在建筑安全管理中可以丰富和改善人员安全理念和技术手段。Lu 和 Zhang（2022）分析，建筑行业中的大数据分析侧重于安全管理、能源减少和成本预测，区块链集成对于管理建筑合同具有潜力。Munawar 等（2022）强调，建筑安全、现场管理、遗产保护以及项目废物最小化和质量改进是大数据未来机遇的关键领域。

以下是大数据在建筑工程安全应急响应中的具体应用：

（1）数据实时监测与融合。大数据技术可以实时监测建筑工程安全事件的发生，并将不同数据源（如传感器数据、视频监控数据、社交媒体数据等）进行融合和分析。通过对多源数据的综合分析，可以获取全面、准确的灾害信息，帮助应急响应人员了解灾情，做出快速的决策。

（2）空间数据可视化与分析。大数据分析技术可以将应急响应所需的空间数据进行可视化展示和分析。通过将灾害发生地点的地理信息与其他关键数据（如人口密度、道路交通情况、救援资源等）进行关联，可以提供空间分布图、热力图等视觉化工具，帮助应急响应人员快速了解灾情，并优化救援资源的调配。

（3）智能决策与资源调度。借助大数据分析和人工智能技术，可以开发智能决策系统和资源调度系统，帮助应急响应人员做出高效、准确的决策。系统可以根据实时的灾情数据和资源信息，自动生成灾害应急响应方案，包括救援队伍的调度、物资的运送路径、避难所的开设等。

（4）舆情监测与信息传播。大数据分析可以对社交媒体和互联网上的舆情信息进行监测和分析。通过分析公众对建筑工程安全事件的关注度和情绪变化，可以了解公众的诉求和需求，并及时传递应急信息和宣传措施，维护社会稳定和公众安全。

（5）事后分析与优化。应急响应结束后，大数据分析仍然具有重要作用。通过对灾后数据进行分析和挖掘，可以进行事后评估和总结，了解应急响应的效果和不足之处，为未来的应急准备和响应优化提供参考。

通过大数据分析与建模、建筑工程安全风险预测与评估以及大数据在应急响应中的应用，建筑工程的安全风险控制和应急管理可以更加全面、准确和高效。大数据技术的应用使管理人员能够更加及时地捕捉和识别潜在的风险，并做出相应的决策和措施，为建筑工程的安全保障提供有效的支持。然而，在应用大数据进行建筑工程安全风险控制与应急管理时，还需要注意以下几个方面的问题和挑战：

（1）数据隐私与安全。在采集、存储和处理大量建筑工程数据时，必须确保数据的隐私和安全。建筑工程数据可能包含敏感信息，如设计图纸、施工计划和人员身份等。因此,需要采取适当的数据加密和访问权限控制措施,以防止数据泄露和滥用。

（2）数据质量与一致性。大数据分析建模的准确性和可靠性依赖于数据质量和一致性。建筑工程数据通常来自不同的系统和部门,存在数据格式、数据标准和数据集成的问题。因此,在数据收集和整合阶段,需要进行数据清洗、数据标准化和数据质量评估等措施,以确保数据的准确性和一致性。

（3）算法选择与模型验证。在建立预测模型和风险评估模型时,需要选择合适的算法和模型,并进行验证和评估。不同的算法和模型可能适用于不同的建筑工程安全风险情景。因此,需要对不同的算法和模型进行比较和评估,选择最合适的方法进行建模和分析。

（4）人力资源与培训。大数据分析与建模需要有专业的数据科学家和分析团队进行支持。在应用大数据进行建筑工程安全风险控制与应急管理时,需要投入足够的人力资源,并进行相关培训,以提高数据分析和建模的能力。

（5）组织文化的变革管理。大数据的应用对于组织来说是一项新的挑战,需要适应和引导组织文化的变革。在引入大数据分析和建模技术时,需要加强组织各级人员的培训和意识,建立数据驱动的决策文化,推动数据在安全风险控制与应急管理中的广泛应用。

综上所述,大数据在建筑工程安全风险控制与应急管理中具有巨大的潜力和优势。通过大数据分析与建模、建筑工程安全风险预测与评估,以及大数据在应急响应中的应用,可以提高安全管理效果,预测风险并优化应急响应。然而,在应用大数据时需要注意数据隐私与安全、数据质量与一致性、算法选择与模型验证等问题,并进行组织文化的变革管理。只有充分理解和应对这些挑战,才能充分发挥大数据在建筑工程安全风险控制与应急管理中的作用,实现更高水平的安全管理和风险控制。

10.5　建筑工程安全风险控制与应急管理的人工智能技术

10.5.1　智能监控与识别技术

智能监控与识别技术是建筑工程安全风险控制与应急管理中重要的人工智能技术之一。通过使用高效的监控设备和先进的图像识别算法,智能化监控系统可以实时监测建筑工程的安全状况,并及时发现潜在的风险。

Cheung 等（2018）强调,智能监控与识别技术可以提高建筑工程安全管理的效率,并在救援任务中提供重要的参考信息。Sha 等（2022）指出,智能城市中的智能监控和识别技术有助于公共安全风险预防和控制,提供早期警告并检测潜在紧急情况。

以下是智能监控与识别技术的几个关键应用:

（1）视频监控与分析。智能监控系统可以使用摄像头对建筑工程进行全方位的视频监控。通过图像处理和分析技术,系统能够自动检测异常情况,如火灾、漏水、破坏等,并及时发出警报。此外,还可以通过人员识别技术来实现对工地人员的追踪和识别,确保只有授权人员进入施工区域。

（2）声音监测与分析。智能监控系统可以利用声音传感器对建筑工程中的声音进行实时监测和分析。例如，可以检测到噪声超过安全标准的情况，或者识别出机械故障和异常的声音信号。通过即时分析和反馈，可以采取相应措施，防止潜在危险的发生。

（3）烟雾与气体监测。智能监控系统可以配备烟雾和气体传感器，用于检测建筑工程中的烟雾和有害气体。一旦系统检测到烟雾或危险气体超过安全阈值，会立即触发警报，并通知相关人员进行应急处理。这有助于及早发现火灾、化学泄漏等危险情况，并采取必要的措施控制风险。

10.5.2　基于人工智能的风险预警系统

基于人工智能的风险预警系统在建筑工程安全风险控制中发挥重要作用。通过分析大量的历史数据和实时数据，结合机器学习和数据挖掘技术，这些系统能够识别和预测建筑工程中的潜在风险，并提前采取相应措施。

Cheung 等（2018）指出，基于人工智能的风险预警系统可以提高安全管理的效率，并在救援任务中提供重要的参考信息。Liang 和 Liu（2022）指出，基于人工智能的风险预警系统可以为地下工程建立早期预警和实时控制系统，减少安全事故。

以下是基于人工智能的风险预警系统的几个关键应用：

（1）灾害风险预测。基于人工智能的风险预警系统可以分析历史灾害数据和气象数据，建立预测模型，预测建筑工程所面临的灾害风险。例如，对于地震风险，系统可以根据地震监测数据和地质信息进行分析和预测，及时发出警报，并采取相应的防护措施。

（2）施工安全风险预警。基于人工智能的风险预警系统可以分析施工过程中的各种数据，如施工计划、材料质量、工人操作等，通过建模和分析，及早识别和预测施工安全风险。例如，系统可以分析施工过程中的工人姿态、行为规范等因素，及时预警可能发生的事故，并提醒相关人员进行安全操作。

（3）设备故障预警。通过监测和分析建筑工程中的设备运行数据，基于人工智能的风险预警系统可以提前发现设备故障的迹象，并推测可能的故障类型。系统可以根据设备的运行状态和故障模式，提供维护建议和修复方案，避免设备故障对工程进展和安全造成的影响。

10.5.3　人工智能在应急管理中的应用

人工智能在建筑工程安全风险控制与应急管理中的应用不仅限于风险预警，还涉及应急响应和决策支持。

Wu 和 Lu（2022）指出，人工智能算法，如随机森林算法，可以对桥梁建设过程进行快速准确的风险评估，改善安全管理。

Zhang（2021）指出，结合人工智能和机器视觉技术的土木工程建筑安全管理结果表明，安全管理效能显著提高，安全水平达到 97.4%，从而确保土木工程建设的质量和安全。Luo 等（2022）指出，人工智能在机械化建设中的应用改善了救援工作，确保了建筑工人的人身安全，还帮助塔吊快速定位并消除摇摆。Cao 等（2021）指出，人工神经网络（ANN）在建筑工程中用于预测、估算、决策、分类、选择、优化以及风险分析和安全。

这些研究表明,人工智能在建筑工程安全风险控制与应急管理中的应用广泛,包括风险预测、监控、决策支持和应急响应等多个方面。通过利用人工智能技术,可以有效提高建筑工程的安全管理水平和应急响应能力。

以下是人工智能在应急管理中的几个关键应用:

(1)风险评估与决策支持。人工智能可以根据建筑工程的风险信息和应急预案,辅助进行风险评估和决策制定。通过数据分析和模型建立,可以对不同的风险事件进行评估,并提供可能的应对措施。在应急管理过程中,人工智能系统可以结合实时数据和历史数据,为决策者提供准确的信息和建议。

(2)自动化应急响应。人工智能可以实现应急响应的自动化,例如通过智能监控系统中的传感器和控制器,自动触发灾害报警、紧急疏散指示、设备停机等应急措施。自动化的响应能够快速反应和应对危险情况,减少人为延迟和错误。

(3)信息管理与协同合作。人工智能可以通过信息管理系统和智能决策支持系统,实现应急响应中的信息共享和协同合作。系统可以收集和整合来自不同部门和单位的信息,提供全面的建筑工程安全风险信息,并促进不同利益相关方之间的协调和合作。

(4)智能救援与搜索。在灾害发生时,人工智能可以辅助进行智能救援和搜索工作。通过分析灾区的地质、土壤和建筑结构等数据,系统可以优化救援方案,并提供智能搜索的指导。例如,可以利用机器学习算法识别建筑物倒塌的概率和可能的生还者位置,帮助救援队更加高效地展开救援行动。

总结来说,智能监控与识别技术、基于人工智能的风险预警系统以及人工智能在应急管理中的应用,为建筑工程安全风险控制与应急管理提供了强大的支持。这些人工智能技术可以实时监测、识别和预测潜在的风险,促进快速的应急响应和决策支持。然而,应用人工智能技术也面临着数据隐私与安全、数据质量与一致性、算法选择与模型验证等挑战。随着人工智能技术的不断发展,建筑工程安全风险控制与应急管理将迎来更加智能化和高效化的未来。

第 11 章 结论与展望

11.1 结 论

建筑工地安全管理的关键环节包括风险评估、安全培训和应急响应。风险评估能够识别潜在的安全隐患和风险源,并制定相应的防范措施,是预防事故发生的重要步骤。安全培训则是提升建筑工人的安全意识和技能水平的有效途径,从而降低事故的发生率。而应急响应则是在事故发生时迅速有效地进行处置,最大限度地减少人员伤亡和财产损失。这三个环节相互衔接、相互支持,构成了健全的安全管理体系。

在研究方法上,文献综述、案例分析、实地调研和模型构建都是为了全面理解和解决建筑工地安全管理的挑战和问题。文献综述可以系统梳理建筑工程安全领域的前沿研究,为安全管理提供理论支持;案例分析能够深入分析事故的根本原因和教训,为建立安全管理体系提供实践参考;实地调研则可以直接观察工地的安全管理现状,收集实质性的数据支持;模型构建则是综合运用前述方法,建立能够量化评估建筑工程安全风险的模型,为安全管理提供科学依据和决策支持。这些方法相辅相成,有助于全面提升建筑工地的安全水平,保障工人的生命安全。

11.1.1 建筑工程安全风险管理

建筑工程安全风险管理需要综合运用各种评估方法和管理策略,通过预防事故发生、减轻事故影响和损失、应急救援和持续改进安全管理体系的结合,可以有效应对不同类型的安全风险挑战,确保项目的安全进行和顺利完成。在实践中,应将理论与实践相结合,不断总结经验及提高安全管理水平,以应对不断变化的安全环境。安全风险管理策略主要包括以下几点:

(1)风险预防策略。在项目初期识别潜在风险源,制定严格的标准和规范,以预防事故的发生。

(2)风险减轻策略。针对已识别的风险,采取措施减少其影响和损失,提高施工安全性。

(3)应急响应策略。建立应急预案,迅速应对安全事件和紧急情况,最大限度地减少损失。

(4)安全文化建设策略。通过培训员工、激励安全表现、建立安全沟通机制等手段,提升全员安全意识和责任感。

(5)技术创新策略。推动先进技术和设备的应用,提高施工过程中的安全性和效率。

(6)供应链管理策略。确保供应商符合安全标准和要求,降低安全风险的外部来源。

(7)风险转移策略。考虑购买适当的保险或签订合同转移部分风险,降低项目方的风险承担。

(8)持续改进策略。不断评估和改进安全管理体系,提高安全水平和管理效率。

11.1.2 建筑工程安全风险识别与评估

11.1.2.1 评估方法与指标体系

安全风险评估方法包括定性和定量两种。其中,定性依赖专家判断,而定量则利用数据和数学模型进行分析,如风险矩阵法、事件树分析法等。

11.1.2.2 方法与工具

通过综合运用多种方法和工具,可以全面、准确地识别和评估建筑工程中存在的安全风险。

(1)文献审查与统计数据分析。深入了解建筑工程领域的安全风险,通过事故报告、行业标准、规范要求等,识别常见的安全风险源和可能的事故类型。

(2)专家咨询与访谈。获取建筑工程领域的经验和见解,系统地识别安全风险。包括专家评估转化、专家系统处理、准专家访谈和基于场景的访谈等方法。

(3)现场调查与观察。直接了解建筑工程安全状况,发现潜在的安全风险。通过实地走访工地或建筑物,观察施工过程中存在的安全隐患、设备使用情况等。

(4)风险矩阵分析。定量的风险识别方法,综合分析风险的可能性和影响程度,得出风险等级,为风险管理提供重要参考。

(5)故障树分析与事件树分析。两种常用的定性和定量分析方法,用于系统性地识别和评估安全风险。

故障树分析(FTA)评估系统的可靠性和安全性,识别系统故障的发生概率和潜在风险源。应用于安全自动切换开关、复杂系统安全性等领域。

事件树分析(ETA)评估系统在特定条件下事件发生的概率和后果,制定相应的控制策略。应用于危险环境风险评估、闸门事故频率分析等场景。

故障树分析和事件树分析的比较与总结如下所述:

分析对象:ETA 评估目标事件的发生概率,而 FTA 评估系统故障的发生概率。分析过程:ETA 从目标事件开始,描述因果关系和概率传递;FTA 从目标故障开始,描述逻辑关系和概率传递。

概率计算:ETA 通过历史数据、专家意见等评估事件概率;FTA 通过可靠性分析、故障数据统计等评估故障概率。

优势与适用场景:综合使用 ETA 和 FTA,可以全面评估和管理安全风险,确保系统、设备或过程的可靠性和安全性。

11.1.3 建筑工程安全风险控制

综合运用多种原则、方法和技术,可以有效降低建筑工程施工过程中的安全风险。通过实践案例分析和评价体系建立,客观评估安全风险控制效果,并提出改进措施和优化建议,进一步提升建筑工程的安全水平和可持续性。

11.1.3.1　安全风险控制原则、方法和技术应用

(1)工程控制。在设计阶段考虑施工过程中的安全要求,并采用先进的施工技术和设备。

(2)行政控制。建立规章制度,进行员工安全培训和教育,并定期进行安全检查和评估。

(3)个体防护。施工人员需要使用个人防护装备,如安全帽、安全鞋等,并设置安全警示标识和安全设施。

(4)安全风险监控与改进。定期对建筑工程项目进行安全风险监测和检查,对发生的安全事故进行深入的分析和研究,并及时调整和改进现有的控制措施。

11.1.3.2　建筑工程安全风险控制实践

1.地铁施工安全风险控制实践

(1)土方开挖和支护工程。进行详细的地质勘察和土壤力学分析,采取适当的支护措施。

(2)现场安全管理。划定施工区域,设置安全通道和紧急出口,要求施工人员穿戴个人防护装备。

(3)火灾和有害气体防范。使用防火材料和安装火灾报警系统,增加通风设备。

2.安全风险评估和监测

(1)安全风险评估。通过系统性的方法和分析,识别和评估与工程相关的各种风险因素。

(2)安全监测。使用视频监控系统和无线传感器网络实时监测施工现场的安全状况。

3.安全指标和评价体系

(1)安全指标选择。综合考虑工程特点和法规要求,选择合适的安全指标体系。

(2)评价体系建立。明确指标的重要性和权重,建立综合的评价体系。

11.1.4　建筑工程应急管理

建筑工程应急管理是保障建筑工程安全和应对突发事件的重要环节。遵循基本原则,建立完善的组织体系,依托法律法规,应对挑战并抓住趋势,是提升应急管理水平的关键。通过不断创新发展,建筑工程应急管理将为建筑工程的安全稳定运行和社会的可持续发展作出积极贡献。

11.1.4.1　基本概念与原则

建筑工程应急管理以"安全第一、预防为主、综合协调、系统性、科学性、灵活性、全员参与、持续改进"等原则为基础,确保管理工作的有效性和可持续性。

11.1.4.2　组织体系与职责

建筑工程应急管理组织体系包括应急指挥部、应急办公室、应急救援队伍等核心机构,各自承担统一指挥协调、执行具体工作和专业救援等职责,确保应急管理工作有序进行。

11.1.4.3　法律法规与标准

建筑工程应急管理依托完善的法律法规体系,明确基本要求和程序,规范处罚和责任追究,为应急管理提供法律依据和操作指南,保障合法权益。

11.1.4.4　挑战与趋势

未来,建筑工程应急管理将面临多元化风险、信息化与技术应用、应急演练与培训机制、法律法规与政策支持等挑战。智能化、数字化、跨部门协同合作等趋势将是未来的发展方向,为提升应急管理水平提供了新的机遇。

11.1.5　建筑工程应急预案编制与实施

建筑工程应急预案的编制与实施是保障安全的重要举措,持续改进和整合能够提升应急管理水平,确保预案与时俱进,为建筑工程的安全和应急管理提供有力支持。

11.1.5.1　编制流程

制定应急预案的流程包括组织编制工作、资料收集、风险评估与分析、应急资源调查、制定预案、桌面推演、预案评审与发布、预案培训与演练等步骤。

11.1.5.2　编制要点

关键编制要点包括明确目标与基本要求、组建编制团队、风险评估与资源调查、制定程序与流程、确定组织架构与职责、编写预案内容、定期演练与修订、建立管理与更新机制。

11.1.5.3　评审流程

评审流程包括确定评审工作组、收集材料、召开评审会议、反馈结果和实施改进。评审内容主要涵盖完整性、合规性、风险评估、流程、资源调配、培训计划、信息共享、持续改进等方面。

11.1.5.4　应急预案

应急预案包括综合预案、专项预案和现场处置方案,内容包括总则、组织机构与职责、应急响应、后期处置、应急保障等。

11.1.5.5　实施与演练

实施需建立责任体系、开展培训和演练,制订实施计划和时间表,定期检查和评估,不断改进和更新。演练方式包括桌面演练和实战演练,验证预案的有效性和可行性。

11.1.5.6　持续改进与整合

持续改进包括定期复审、经验总结、改进计划和培训提升等措施;整合需要协同合作、统一指挥、资源共享、联合演练等。

11.1.6　建筑工程应急响应与处置

严格按照规范的原则与流程进行应急响应与处置,结合技术创新提高救援效率,经过评估与改进,保障人员生命和财产安全。

11.1.6.1　基本原则与流程

建筑工程应急响应与处置以确保人员生命安全为首要任务,迅速启动应急预案,确认事故情况,组织疏散和提供急救,制定救援方案并实施救援行动,同时进行医疗救治和环境保护。

11.1.6.2　机构设置与职责

应急响应机构包括总指挥、副总指挥和各应急工作小组,例如救援组、医疗组,各自负责统一指挥、救援行动、伤员救治等。

11.1.6.3　应急处置程序

应急处置程序包括现场确认警戒疏散、救援方案确定和实施、医疗救治、现场环境保护、信息发布和后勤保障等步骤,每个步骤有明确操作指引和责任分工。

11.1.6.4　救援人员能力要求与支援

应急处置人员需具备快速响应、安全意识、组织协调等能力,同时利用外部支援力量进行综合协作,确保救援行动的顺利进行。

11.1.6.5　终止与评估

应急响应终止条件由政府或管理部门宣布,随后进行事故处置的综合评估,总结经验教训,提高日后应对类似事件的能力。

11.1.6.6　善后赔偿与评估

进行经济赔偿、医疗救助、精神损害赔偿等善后赔偿,同时进行应急工作总结和评估,提升应急响应与处置的能力。

11.1.6.7　技术创新与支持

技术创新涉及信息化平台建设、数据分析、智能监测与救援等方面,提升救援效率和安全性,需与法律法规相匹配,并提供培训和技术支持。

11.1.7　建筑工程安全风险控制与应急管理整合

建筑工程安全风险控制与应急管理相互影响与支持,整合两者工作可以全面提升建筑工程的安全性和应急响应能力,为安全管理提供更加全面和有效的保障。

11.1.7.1　风险控制对应急管理的影响

(1)事前预防与减少事故发生。风险控制预防事故发生,为应急管理奠定基础。

(2)提供应急响应基础。建立应急响应基础,制定应急预案,提高应对能力。

(3)改善应急响应效果。减少事故概率和严重程度,降低损失。

(4)提供应急决策依据。为应急决策提供依据,指导资源配置。

11.1.7.2　应急管理对风险控制的支持

(1)事故应急响应。限制事故扩大,减少损失。

(2)应急预案和演练。为风险控制提供支持和验证。

(3)信息共享和协调。确保信息流通和互通。

(4)事后总结和改进。为风险控制提供经验教训,改进措施。

11.1.7.3　实践方法

(1)统一管理体系。建立统一的管理体系,确保目标的一致性。

(2)风险评估与应急规划结合。整合风险评估和应急规划,确保应急措施的有效性。

(3)综合演练和培训。定期组织综合演练和培训,促进协同作战。

(4)信息共享与协调。建立信息共享机制,提高应急响应效率。

11.1.8　建筑工程安全文化与员工培训

建立和培育建筑工程安全文化对保障员工生命安全和工程质量至关重要,同时能提升企业形象、降低风险、促进可持续发展。

11.1.8.1　构建安全文化的基本原则

建立全面的安全培训计划是关键,包括需求分析、目标制定、内容设计、培训方法选择和计划制订等步骤,确保员工获得必要的安全知识和技能。

11.1.8.2　安全文化评估与改进

建立评估与改进机制,明确评估指标和方法,包括安全意识、规章制度遵守、沟通和参与等方面,通过持续评估和改进确保安全文化的提升。安全文化提升策略如下:

(1)反馈与监控机制。建立有效反馈和沟通机制,促进安全改进建议和意见的交流。

(2)培训与教育活动。根据评估结果开展针对性培训,提升员工参与度和安全认同感。

(3)定期监控与评估。持续监测关键指标,追踪改进措施的实施效果。

(4)制定与跟踪改进措施。根据评估结果确定改进目标和措施,持续跟踪实施效果,优化安全管理。

11.1.8.3　推广安全文化的策略与方法

策略包括宣传与沟通、整体策略与计划、培训与教育、奖惩激励、监督与评估、培养安全领导者和持续改进与学习。

11.1.9　建筑工程安全风险控制与应急管理的信息化支持

通过综合应用大数据和人工智能技术,可以提高建筑工程安全管理的水平,预测风险并优化应急响应。然而,需要解决数据隐私与安全、数据质量与一致性、算法选择与模型验证等挑战,以实现安全管理的有效运作。

建筑工程安全信息化系统包括风险监测与控制系统、应急响应系统、数据分析与决策支持系统以及综合管理平台。这些系统共同构建了一个全面监测、实时响应和高效管理的安全管理体系,提升了建筑工程安全管理水平和应急响应能力。

11.1.9.1　大数据在建筑工程安全管理中的应用

(1)数据分析与建模。大数据技术用于收集、整合和分析建筑工程相关数据,建立预测模型和决策支持系统,帮助发现潜在风险并优化安全管理策略。

(2)安全风险预测与评估。大数据分析用于预测和评估建筑工程安全风险,通过建立风险模型和评估系统,提前识别潜在风险并制定应对措施。

(3)应急响应中的大数据应用。大数据技术在建筑工程安全应急响应中发挥重要作用,通过实时监测和数据分析,及时了解事态发展并采取应急措施,保障工程安全。

11.1.9.2　人工智能技术在建筑工程安全管理中的应用

(1)智能监控与识别技术。人工智能技术通过高效监控设备和图像识别算法,实现对建筑工程安全状况的实时监测,帮助发现安全隐患。

(2)基于人工智能的风险预警系统。基于人工智能的风险预警系统通过分析历史数据和实时数据,识别和预测潜在风险,并提前采取措施,降低事故发生的可能性。

11.2 展 望

11.2.1 技术创新和数字化转型

未来,建筑工程安全风险控制与应急管理将受益于技术创新和数字化转型的推动。新一代的技术将进一步改进建筑工程的安全性和监控效率,提供更加智能化、自动化和可视化的解决方案。Akinlolu 等(2022)讨论了建筑项目健康与安全设计与规划的重要性,强调了可视化和数字技术在有效项目监控和信息管理中的作用。Chenya 等(2022)探讨了建筑行业智能风险管理的未来研究趋势,讨论了数字管理平台、决策系统和机器学习技术的发展。

Azzouz 等(2020)讨论了数字技术(如 BIM)对建筑工程和建设行业数字化转型的影响。Akanmu 等(2021)探索了在建筑中使用网络物理系统和数字孪生的用途,专注于提高劳动力生产力、健康和安全,以及加强安全管理。

以下是几个关键的发展方向。

11.2.1.1 智能化监控系统

利用人工智能、物联网和传感器等先进技术,智能化监控系统将变得更加智能化和自动化。传感器可以实时监测建筑结构、设备状态和环境参数,而人工智能可以对监测数据进行实时分析和处理。通过智能化监控系统,建筑工程管理人员可以及时发现异常情况,并采取相应的措施,提高建筑的安全性和可靠性。

11.2.1.2 数据分析与预测

利用大数据和人工智能技术,对建筑工程中的安全数据进行分析和建模,可以帮助预测潜在的安全风险和事故发生的可能性。通过对历史数据的分析和建模,可以识别出潜在的风险因素和事故模式,从而采取相应的预防措施。此外,通过实时监测和分析,可以及时发现异常情况,并进行预警和紧急处理,提前避免事故的发生。

11.2.1.3 虚拟现实和增强现实技术

虚拟现实和增强现实技术可以帮助工程师和工人获得更直观和实际的建筑信息,并在设计、施工和维护过程中提供实时的安全指导和培训。通过虚拟仿真,人们可以模拟各种紧急情况,如火灾、地震等,学习如何应对和处理。而增强现实技术可以将虚拟信息与实际场景结合,提供实时的安全提醒和指示,帮助工程师和工人遵循正确的操作步骤和安全程序。

11.2.1.4 网络安全和数据隐私保护

随着数字化转型的推进,建筑工程也面临着网络攻击和数据泄露等安全风险。未来,建筑企业需加强网络安全措施,保护相关数据的隐私和完整性。这包括建立安全的网络基础设施,采用强密码和多重身份验证等措施,进行定期的安全审计和漏洞扫描。同时,建筑企业应制定严格的数据访问和管理策略,限制员工和外部人员对敏感数据的访问权限,确保建筑系统和设备的平稳运行。

总而言之,未来的建筑工程安全风险控制与应急管理将不断受益于技术创新和数字化转型。智能化监控系统、数据分析与预测、虚拟现实和增强现实以及网络安全和数据隐私保护等方面的发展将提升建筑工程的安全性和监控效率。这些技术和工具的应用将使建筑企业能够更好地识别、预防和应对安全风险,提高应急响应能力,为人们提供更安全、可靠和可持续的建筑环境。

11.2.2　跨部门合作和综合应急管理体系

建筑工程的安全风险和突发事件常常涉及多个部门和利益相关方,因此未来的发展方向之一是加强跨部门合作和建立综合应急管理体系。通过加强协作和合作,各相关部门可以实现信息共享、资源整合和协同行动,提高安全风险控制和应急管理的效能。以下是未来发展的几个关键方向。

11.2.2.1　政府与建筑行业的合作

政府在建筑工程安全管理方面扮演着重要角色。政府机构可以与建筑企业和行业协会合作,制定和实施相关的安全规范和标准。政府还可以提供培训和咨询支持,帮助建筑企业提升安全意识和能力。此外,政府应建立完善的监管机制,加强安全风险的监测和评估,保障建筑工程的安全性和可靠性。

11.2.2.2　跨部门的应急响应机制

建筑企业需要与当地消防、应急救援、医疗机构等部门建立良好的合作关系,共同制定跨部门的应急响应机制和工作流程。这样可以在突发情况发生时实现快速响应和协同行动,最大程度地减少事故损失。跨部门的应急响应机制应包括预案编制、指挥系统建设、资源调度和信息共享等方面的内容。各相关部门需明确各自的职责和协作方式,并进行定期的演练和培训,以提高应急响应的效能。

11.2.2.3　建立信息共享平台

建筑工程安全风险控制与应急管理需要大量的信息共享和沟通。建筑企业可以与相关部门建立信息共享平台,确保相关信息的及时传递和交流。这样可以加强对安全风险的感知和应对能力。信息共享平台应包括安全数据、监测报告、应急预案等信息的共享和存储,以及实时通信和协同工作的功能。通过信息共享平台,各相关部门可以获取准确的数据和情报,作出及时的决策和响应,提高整体的应急管理水平。

11.2.2.4　建立安全文化和加强培训

跨部门合作和综合应急管理体系的建立需要建筑企业和相关部门共同营造安全文化,强调安全的重要性并促进员工的安全意识和责任感。此外,定期的安全培训和演练对于提升应急响应能力至关重要。培训内容可以涵盖建筑工程中的常见安全风险、应急处理技巧、沟通和协作等方面。通过持续的培训,建筑企业和相关部门的工作人员能够熟悉应急预案和工作流程,有效应对各类突发事件。

11.2.2.5　建立评估和监测机制

建筑工程安全风险控制与应急管理需要建立有效的评估和监测机制。相关部门可以定期对建筑工程进行安全评估和风险分析,及时发现和解决潜在的安全隐患。监测包括对建筑结构、设备状态、施工过程、工人安全行为等方面进行实时或定期的检查和监控。

评估和监测结果可以作为决策的依据,及时调整安全措施和应急预案,提高整体的安全水平。

赵林度等(2009)指出,将知识管理和协同学的理论知识引入到城际应急管理中,以实现城市之间以及城市各部门之间的信息传递和共享,协同合作。通过研究知识管理的理论、模型和相关过程,探讨了城际应急管理的协同机制。Simona 等(2021)强调,跨部门合作和综合应急管理体系通过增强沟通、协调和合作,可以提高建筑项目的安全性和响应能力。

Papadonikolaki 等(2019)讨论了跨部门合作和综合应急管理体系在解决战略和运营决策之间的"战术差距"方面的作用。Wang 等(2022)指出,跨部门合作和信息、组织、环境的整合可以提高公共卫生应急管理的有效性。Tian 等(2023)讨论了跨部门合作在地震应急响应中通过利用传统和逻辑佩特里网提高救援效率和减少损害的作用。

综合起来,跨部门合作和综合应急管理体系的建立对于提高建筑工程的安全风险控制和应急管理水平至关重要。政府与建筑行业的合作、跨部门的应急响应机制、建立信息共享平台、加强培训及建立评估和监测机制是实现这一目标的关键步骤。通过共同努力,可以提升整体的安全意识和能力,减少建筑工程事故的发生,保障人们在建筑环境中的安全和健康。

11.2.3 可持续发展和环境安全

在未来,建筑企业将越来越注重可持续发展和环境安全的问题。随着对环境保护意识的增强,建筑行业将积极采取措施,减少建筑工程对环境的影响,并提高建筑的安全性和可持续性。以下是未来发展的关键方向。

11.2.3.1 环境友好型建筑设计和施工

建筑企业将更加注重环保材料和可再生能源的使用。通过选择绿色建筑材料和采用节能环保的技术方案,降低建筑工程对环境的影响。此外,在建筑工程的规划、设计和施工阶段,将考虑自然灾害和气候变化等因素,增强建筑的抗灾能力和适应性,以应对极端天气和自然灾害对建筑带来的风险。

11.2.3.2 绿色施工管理

建筑施工过程中会产生大量的废弃物和污染物,对环境造成不良影响。为了减少环境污染,建筑企业将注重绿色施工管理。这包括采取有效的废物分类、回收和处理措施,减少对土壤、水源和空气的污染。同时,通过引入环境监控技术和设备,对建筑工地的污染物排放进行实时监测和控制,确保施工过程符合环境标准和法规要求。

11.2.3.3 建筑物的可持续运营和维护

建筑的安全性不仅包括设计和施工阶段,还包括正常的运营和维护。建筑企业将更加重视建筑设施的定期检查和维护,确保其安全性和可持续发展。这包括对建筑结构、设备系统和消防系统等方面的定期检测和维护,及时发现并修复存在的问题,确保建筑的安全性和性能得到保障。另外,建筑企业还将关注建筑的节能和资源有效利用,优化建筑的能源管理系统,最大限度地减少对能源的消耗,降低运营成本,提高建筑的可持续性。

11.2.3.4　可持续发展的认证和标准

为了推动可持续发展和环境安全,建筑行业将积极参与相关认证和标准体系。例如,建筑企业可以参与绿色建筑评级系统,通过评估和认证来证明建筑项目的可持续性和环境友好性。这种认证和标准体系可以推动建筑行业朝着更加可持续和环保的方向发展,激励企业采取更多的可持续措施。

11.2.3.5　社会责任和公众参与

建筑企业将越来越注重社会责任和公众参与。建筑企业将积极与当地社区、非政府组织和环保团体合作,共同推动可持续发展和环境保护的目标。通过倡导环保意识、开展公众教育活动,建筑企业可以提高公众对环境安全的认识和参与度,形成共同关注和共同行动的良好氛围。

可持续发展和环境安全是建筑行业未来发展的重点方向。通过采用环保材料、推行绿色施工管理、加强建筑设施的运营和维护,建筑企业可以降低对环境的影响,提高建筑的安全性和可持续性。同时,建筑企业积极参与标准体系认证,促进行业的可持续发展,并与社区和公众共同推动环境保护的目标。这些举措将为建筑行业的可持续发展和环境安全奠定坚实的基础。

综上所述,建筑工程将利用新技术更好地应对新兴挑战。人工智能、物联网、数字孪生和区块链等技术将提高应急管理的效能,帮助项目团队更好地预测、防范和应对安全风险。此外,面对全球性挑战,建筑工程将采用新技术来改进可持续性、优化供应链、应对气候变化和解决人力资源问题。这些技术的应用将使建筑工程行业更加强大和适应性更强,以确保项目的成功和可持续性。

参 考 文 献

［1］Hughes P, Ferrett E D. Introduction to health and safety in construction［M］. London：Routledge, 2016.

［2］Kim C, Park T, Lim H, et al. On-site construction management using mobile computing technology［J］. Automation in Construction, 2013, 35：415-423.

［3］Stranks J. Health and safety at work：An essential guide for managers［M］. London：Kogan Page Publishers, 2007.

［4］Leveson N. A new accident model for engineering safer systems［J］. Safety Science, 2004, 42：237-270.

［5］曹忠红. 基于系统动力学的建筑企业职业健康安全管理评价体系研究［D］. 武汉：武汉科技大学, 2022.

［6］Okonkwo C, Awolusi I, Nnaji C. Privacy and security in the use of wearable internet of things for construction safety and health monitoring［C］//Proceedings of the IOP Conference Series：Earth and Environmental Science, 2022, 1101.

［7］Pillay A, Wang J. Modified failure mode and effects analysis using approximate reasoning［J］. Reliability Engineering & System Safety, 2003, 79（1）：69-85.

［8］邓中华. 基层员工安全培训工作的方法探究［J］. 工程学研究与实用, 2023, 4（17）：107-109.

［9］Rowlinson S. Construction safety management systems［M］. London：Routledge, 2004.

［10］Lingard H, Rowlinson S. Occupational health and safety in construction project management［M］. London：Routledge, 2004.

［11］Xia N, Zou P, Liu X, et al. A hybrid BN-HFACS model for predicting safety performance in construction projects［J］. Safety Science, 2018, 101：332-343.

［12］Hou W, Wang X, Zhang H, et al. Safety risk assessment of metro construction under epistemic uncertainty：An integrated framework using credal networks and the EDAS method［J］. Applied Soft Computing, 2021, 108：107436.

［13］Fargnoli M, Lombardi M. Building information modelling（BIM）to enhance occupational safety in construction activities：Research trends emerging from one decade of studies［J］. Buildings, 2020, 10（6）：98-120.

［14］张社荣, 梁斌杰, 马重刚, 等. 水利工程施工人员不安全行为识别方法［J］. 水力发电学报, 2023, 42（8）：98-109.

［15］Zhou Z, Irizarry J, Li Q. Applying advanced technology to improve safety management in the construction industry：A literature review［J］. Construction Management and Economics, 2013, 31（6）：606-622.

［16］Nnaji C, Karakhan A A. Technologies for safety and health management in construction：Current use, implementation benefits and limitations, and adoption barriers［J］. Journal of Building Engineering, 2020, 29：101212.

［17］Golizadeh H, Hon CKH, Drogemuller R, et al. Digital engineering potential in addressing causes of construction accidents［J］. Automation in Construction, 2018, 95：284-295.

［18］王双荣. 建筑施工企业管理与项目管理相融的应用研究［D］. 西安：西安建筑科技大学, 2011.

［19］Sousa V, Almeida N, Dias L. Risk-based management of occupational safety and health in the construction industry—Part 1：Background knowledge［J］. Safety Science, 2014, 66：75-86.

[20] Ilbahar E, Karaṣan A, Çebi S, et al. A novel approach to risk assessment for occupational health and safety using Pythagorean fuzzy AHP & fuzzy inference system[J]. Safety Science, 2018,103:124-136.

[21] Lingard H, Holmes N. Understandings of occupational health and safety risk control in small business construction firms: barriers to implementing technological controls[J]. Construction Management and Economics,2001,19(2):217-226.

[22] Jin R, Zou P, Piroozfar P, et al. A science mapping approach based review of construction safety research[J]. Safety Science, 2019, 113:285-297.

[23] Zhou Z, Irizarry J, Li Q. Using Network Theory to Explore the Complexity of Subway Construction Accident Network (SCAN) for Promoting Safety Management[J]. Safety Science, 2014, 64:127-136.

[24] Toole T M. Construction Site Safety Roles[J]. Journal of Construction Engineering and Management, 2002, 128(3):203-210.

[25] 陈松. 建筑工程绿色施工管理研究——建筑垃圾管理[D]. 南京:东南大学, 2018.

[26] Loosemore M, Andonakis N. Barriers to implementing OHS reforms—the experiences of small subcontractors in the Australian construction industry[J]. International Journal of Project Management, 2007, 25(6):579-588.

[27] Teo EAL, Ling FYY. Developing a model to measure the effectiveness of safety management systems of construction sites[J]. Building and Environment, 2006, 41(11):1584-1592.

[28] Ahn S, Kim T, Kim J M. Sustainable Risk Assessment through the Analysis of Financial Losses from Third-Party Damage in Bridge Construction[J]. Sustainability, 2020, 12(8):3435.

[29] Shen L, Tam V. Implementation of environmental management in the Hong Kong construction industry [J]. International Journal of Project Management, 2002, 20(7):535-543.

[30] 张国胜. 绿色施工管理理念下如何创新建筑工程施工管理探讨[J]. 建筑工程与管理, 2023, 5(12):57-59.

[31] Tah JHM, Carr V. A proposal for construction project risk assessment using fuzzy logic[J]. Construction Management and Economics, 2000, 18(4):491-500.

[32] Husin S, Mubarak M, Fachrurrazi F. The Significance Risk for Factors of Labour, Material, and Equipment on Construction Project Quality[J]. Aceh International Journal of Science and Technology, 2019, 8(2):106-113.

[33] Winge S, Albrechtsen E, Mostue B A. Causal factors and connections in construction accidents[J]. Safety Science, 2019, 112:130-141.

[34] 温国锋. 建筑工程项目风险管理能力提升模型与方法研究[M]. 北京:经济科学出版社, 2011.

[35] 程彦昆, 陈璨, 高扬. 基于土木工程建筑结构设计的优化分析[J]. 工程施工与管理, 2023, 1(3):115-117.

[36] 阚逸轩. 浅析建筑材料检测及影响因素[J]. 产城:上半月, 2023(1):277-279.

[37] Adam A, Josephson P, Lindahl G. Implications of cost overruns and time delays on major public construction projects[C]//Proceedings of the 19th International Symposium on Advancement of Construction Management and Real Estate. Springer, Berlin, Heidelberg, 2015:747-758.

[38] Shokrabadi M, Burton H V. Risk-based assessment of aftershock and mainshock-aftershock seismic performance of reinforced concrete frames[J]. Structural Safety, 2018, 73:64-74.

[39] Li Y, Ahuja A, Padgett J E. Review of methods to assess, design for, and mitigate multiple hazards [J]. Journal of Performance of Constructed Facilities, 2012, 26(1):104-117.

[40] 王雷明. 建筑结构地震整体倒塌影响距离仿真研究[D]. 北京:北京工业大学, 2016.

［41］ Loosemore M, Andonakis N. Barriers to implementing OHS reforms-The experiences of small subcontractors in the Australian Construction Industry［J］. International Journal of Project Management, 2007, 25 (6):579-588.

［42］ Al-Kasasbeh M, Mujalli R O, Abudayyeh O, et al. Bayesian network models for evaluating the impact of safety measures compliance on reducing accidents in the construction industry［J］. Buildings, 2022, 12 (11):1980.

［43］ Walker A. Project management in construction［M］. Chichester:John Wiley & Sons Ltd, 2015.

［44］ DuHadway S, Carnovale S, Kannan V R. Organizational communication and individual behavior:Implications for supply chain risk management［J］. Journal of Supply Chain Management, 2018, 54(4): 3-19.

［45］ Yan C Y, Yi W T, Xiong J, et al. Preparation and visible light photocatalytic activity of Bi2O3/Bi2WO6 heterojunction photocatalysts［C］//Proceedings of the IOP Conference Series:Earth and Environmental Science, IOP Publishing, 2018, 128(1):012086.

［46］ 吉贵祥, 顾杰, 郭敏, 等. 生活垃圾焚烧二恶英排放对人群健康影响研究进展［J］. 环境监控与预警, 2020, 12(5):75-81.

［47］ Maytorena E, Winch G, Freeman J, et al. The Influence of Experience and Information Search Styles on Project Risk Identification Performance［J］. IEEE Transactions on Engineering Management, 2007, 54: 315-326.

［48］ Modarres M. Risk analysis in engineering:techniques, tools, and trends［M］. Boca Raton:CRC Press, 2006.

［49］ Hillson D. Using a risk breakdown structure in project management［J］. Journal of Facilities Management, 2003, 2(1):85-97.

［50］ Kerzner H. Project management:a systems approach to planning, scheduling, and controlling［M］. Chichester:John Wiley & Sons Ltd, 2017.

［51］ Chapman C, Ward S. Project risk management processes, techniques, and insights［M］. Chichester: John Wiley & Sons Ltd, 2003.

［52］ Stamatis D H. Failure mode and effect analysis［M］. Milwaukee:ASQ Quality Press, 2003.

［53］ Choudhry R M, Fang D, Ahmed S M. Safety management in construction:Best practices in Hong Kong ［J］. Journal of Professional Issues in Engineering Education and Practice, 2008, 134(1):20-32.

［54］ Zeng J, An M, Smith N J. Application of a fuzzy based decision making methodology to construction project risk assessment［J］. International Journal of Project Management, 2007, 25(6):589-600.

［55］ 张为为. 基于担保机制的工程项目风险管控研究［D］. 唐山:华北理工大学, 2020.

［56］ JaiSai T, Grover S, Ashwath S. An evaluation of environmental impacts of real estate projects［J］. EPRA International Journal of Environmental Economics, Commerce and Educational Management (ECEM), 2022, 9(3):15-20.

［57］ 张忠阳. 建筑装饰装修工程中绿色施工技术分析［J］. 工程施工新技术, 2022, 1(3):70-72.

［58］ 文惠意. 基于委托方视角的建设工程项目全过程造价咨询风险管理研究［D］. 重庆:重庆大学, 2021.

［59］ 于超. SY 设计院工程总承包项目成本管理研究［D］. 沈阳:辽宁大学, 2020.

［60］ Jones P, Comfort D, Hillier D. Corporate social responsibility and the UK construction industry［J］. Economic Research-Ekonomska Istraživanja, 2006, 19(1):23-37.

［61］ Yuan J, Chen K, Li W, et al. Social network analysis for social risks of construction projects in high-density urban areas in China[J]. Journal of Cleaner Production, 2018, 198:940-961.

[62] Heravi G, Nabizadeh Rafsanjani H. Critical safety factors in construction projects [J]. Advanced Materials Research, 2011, 255:3921-3927.

[63] Horberry T. Better integration of human factors considerations within safety in design[J]. Theoretical Issues in Ergonomics Science, 2014, 15:293-304.

[64] Nath N D, Behzadan A, Paal S. Deep learning for site safety:Real-time detection of personal protective equipment[J]. Automation in Construction, 2020, 112:103085.

[65] Zhang M, Fang D. A continuous behavior-based safety strategy for persistent safety improvement in construction industry[J]. Automation in Construction, 2013, 34:101-107.

[66] Ghodrati N, Yiu T W, Wilkinson S. Unintended consequences of management strategies for improving labor productivity in construction industry[J]. Journal of Safety Research, 2018, 67:107-116.

[67] Dulaimi M, Chin K Y K. Management perspective of the balanced scorecard to measure safety culture in construction projects in Singapore[J]. International Journal of Construction Management, 2009, 9(1):13-25.

[68] Ardeshir A, Mohajeri M, Amiri M. Evaluation of safety risks in construction using Fuzzy Failure Mode and Effect Analysis (FFMEA)[J]. Scientia Iranica, 2016, 23(6):2546-2556.

[69] Hallowell M R, Gambatese J A. Activity-based safety risk quantification for concrete formwork construction[J]. Journal of Construction Engineering and Management, 2009, 135(10):990-998.

[70] Hossain M A, Abbott E L, Chua D K, et al. Design-for-safety knowledge library for BIM-integrated safety risk reviews[J]. Automation in Construction, 2018, 94:290-302.

[71] 王要武, 孙成双. 建设项目风险分析专家系统框架研究[J]. 哈尔滨建筑大学学报, 2002, 35(5):96-99.

[72] Zhang L, Wu X, Ding L, et al. BIM-Based Risk Identification System in tunnel construction[J]. Journal of Civil Engineering and Management, 2016, 22:529-539.

[73] Low BKL, Man SS, Chan AHS. The risk-taking propensity of construction workers—An application of Quasi-expert interview[J]. International Journal of Environmental Research and Public Health, 2018, 15(10):2250.

[74] Farooq M U, Thaheem M J, Arshad H. Improving the risk quantification under behavioural tendencies:A tale of construction projects[J]. International Journal of Project Management, 2018, 36(3):414-428.

[75] Yuliana C, Hidayat G. Manajemen Risiko Pada Proyek Gedung Bertingkat di Banjarmasin[J]. INFO-TEKNIK, 2017, 18(2):255-270.

[76] Masurier J L, Blockley D I, Wood D M. An observational model for managing risk[C]//Proceedings of the Institution of Civil Engineers-Civil Engineering, Thomas Telford Ltd, 2006, 159(6):35-40.

[77] Youli Y, Yingjian P, Xiaoxia L. Research on safety risk management of civil construction projects based on risk matrix method[C]//Proceedings of the IOP Conference Series:Materials Science and Engineering, IOP Publishing, 2018, 392(6):062080.

[78] Duan Y, Zhao J, Chen J, et al. A risk matrix analysis method based on potential risk influence:A case study on cryogenic liquid hydrogen filling system[J]. Process Safety and Environmental Protection, 2016, 102:277-287.

[79] Goerlandt F, Reniers G. On the assessment of uncertainty in risk diagrams[J]. Safety Science, 2016, 84:67-77.

[80] 常虹, 高云莉. 风险矩阵方法在工程项目风险管理中的应用[J]. 工业技术经济, 2007, 26(11):

134-137.

［81］Liu H M, Liu L, Ji X L. Identification and analysis of Metro Foundation Construction Safety Risk based on fault tree analysis［J］. Chemical Engineering Transactions, 2016, 51:979-984.

［82］Yang R, Deng Y. Analysis on security risks in tunnel construction based on the fault tree analysis［C］// Proceedings of the IOP Conference Series:Earth and Environmental Science, IOP Publishing, 2021, 638 (1):012089.

［83］Zhou H B, Gao W J, Cai L B, et al. Risk identification and analysis of subway foundation pit by using fault tree analysis method based on WBS-RBS［J］. Rock and Soil Mechanics, 2009, 30(9):2703-2707.

［84］Hong E S, Lee I M, Shin H S, et al. Quantitative risk evaluation based on event tree analysis technique: Application to the design of shield TBM［J］. Tunnelling and Underground Space Technology, 2009, 24 (3):269-277.

［85］Cho C S, Chung W H, Kuo S Y. Using tree-based approaches to analyze dependability and security on I&C systems in safety-critical systems［J］. IEEE Systems Journal, 2017, 12(2):1118-1128.

［86］Yang T, Zheng Q, Wang Y, et al. Fuzzy fault tree analysis of power project safety risk for the smart construction ［C］// Proceedings of the 2012 International Conference on Management Science & Engineering 19th Annual Conference, IEEE, 2012:372-376.

［87］Koulinas G K, Demesouka O E, Marhavilas P K, et al. Risk assessment using fuzzy TOPSIS and PRAT for sustainable engineering projects［J］. Sustainability, 2019, 11(3):615.

［88］Nieto-Morote A, Ruz-Vila F. A fuzzy approach to construction project risk assessment［J］. International Journal of Project Management, 2011, 29(2):220-231.

［89］Silva F, Lambe T W, Marr W A. Probability and risk of slope failure［J］. Journal of Geotechnical and Geoenvironmental Engineering, 2008, 134(12):1691-1699.

［90］Annenkov A. Monitoring the deformation process of engineering structures using bim technologies［J］. The International Archives of the Photogrammetry, Remote Sensing and Spatial Information Sciences, 2022, 46:15-20.

［91］Ding L Y, Yu H L, Li H, et al. Safety risk identification system for metro construction on the basis of construction drawings［J］. Automation in Construction, 2012, 27:120-137.

［92］赵英琨. 基于 GIS 的标的灾害风险评估系统的设计与实现［J］. 测绘与空间地理信息, 2013 (S1):209-211.

［93］Tian J, Guo P, Li Z Q. Research on Safety Assessment of Blasting Construction in Highway Tunnel Project［J］. Advanced Materials Research, 2015, 1065:383-387.

［94］Abdulkadhim A S, Zghair H K, Abdulsada D A. Reliability analysis of safety automatic change over switch based on fault tree analysis［J］. Journal of Discrete Mathematical Sciences and Cryptography, 2021, 24(6):1607-1611.

［95］Liu Z, Li Y F, He L P, et al. A new fault tree analysis approach based on imprecise reliability model ［J］. Proceedings of the Institution of Mechanical Engineers Part O:Journal of Risk and Reliability, 2014, 228(4):371-381.

［96］李永明, 杨平, 任丽. 事件树分析法定量分析闸门事故的频率［J］. 黑龙江水利科技, 2006, 34 (4):66-66.

［97］Hubbard B J, Hubbard S M. Tracking and Monitoring Technologies to Support Airport Construction Safety ［C］//Proceedings of the IOP Conference Series:Materials Science and Engineering, IOP Publishing, 2022, 1218(1):012015.

[98] Ham Y, Han K K, Lin J J, et al. Visual monitoring of civil infrastructure systems via camera-equipped Unmanned Aerial Vehicles (UAVs): a review of related works[J]. Visualization in Engineering, 2016, 4(1):1-8.

[99] Gheisari M, Esmaeili B. Applications and requirements of unmanned aerial systems (UASs) for construction safety[J]. Safety Science, 2019, 118:230-240.

[100] Zhu C, Zhu J, Bu T, et al. Monitoring and Identification of Road Construction Safety Factors via UAV [J]. Sensors, 2022, 22(22):8797.

[101] Xu Q, Chong H Y, Liao P C. Collaborative information integration for construction safety monitoring [J]. Automation in Construction, 2019, 102:120-134.

[102] Zhu R, Hu X, Hou J, et al. Application of machine learning techniques for predicting the consequences of construction accidents in China[J]. Process Safety and Environmental Protection, 2021, 145: 293-302.

[103] Shuang Q, Zhang Z. Determining Critical Cause Combination of Fatality Accidents on Construction Sites with Machine Learning Techniques[J]. Buildings, 2023, 13(2):345.

[104] 卓栋. 施工安全监管成熟度评价与模式改进研究——以奉化市为例[D]. 杭州:浙江工业大学, 2015.

[105] Chang-kun C. Coupling Thermal and Mechanical Effect on Structural Fire Safety[J]. Fire Safety Science, 2007, 1:60-66.

[106] Chow W K. Fire Safety Technology Related to Building Design and Construction[J]. International Journal of Integrated Engineering, 2012, 4(4):22-26.

[107] Tamai H, Lu C, Yuki Y. New design concept for bridge restrainers with rubber cushion considering dynamic action[J]. Applied Sciences, 2020, 10(19):6847.

[108] Judd J P, Charney F A. Seismic collapse prevention system for steel-frame buildings[J]. Journal of Constructional Steel Research, 2016, 118:60-75.

[109] Teizer J, Cheng T, Fang Y. Location tracking and data visualization technology to advance construction ironworkers' education and training in safety and productivity[J]. Automation in Construction, 2013, 35:53-68.

[110] Loosemore M, Malouf N. Safety training and positive safety attitude formation in the Australian construction industry[J]. Safety Science, 2019, 113:233-243.

[111] Kim H, Elhamim B, Jeong H, et al. On-site safety management using image processing and fuzzy inference[M]//Computing in Civil and Building Engineering, 2014:1013-1020.

[112] Park C S, Kim H J. A framework for construction safety management and visualization system[J]. Automation in Construction, 2013, 33:95-103.

[113] Garba U, Ibrahim D, Karem W B. Utilization of Safety Facilities in Building Construction Sites in Federal Capital Territory Abuja and Niger State Nigeria[J]. Journal of Sustainability and Environmental Management, 2022, 1(2):144-150.

[114] Pham K T, Vu D N, Hong PLH, et al. 4D-BIM-based workspace planning for temporary safety facilities in construction SMEs[J]. International Journal of Environmental Research and Public Health, 2020, 17(10):3403.

[115] Luo H, Liu J, Fang W, et al. Real-time smart video surveillance to manage safety: A case study of a transport mega-project[J]. Advanced Engineering Informatics, 2020, 45:101100.

[116] Shi L, Hou X. Research on Application of remote video monitoring system in construction site manage-

ment[C]//2017 World Conference on Management Science and Human Social Development (MSHSD 2017). Atlantis Press, 2017:18-21.

[117] Cheung W F, Lin T H, Lin Y C. A real-time construction safety monitoring system for hazardous gas integrating wireless sensor network and building information modeling technologies[J]. Sensors, 2018, 18(2):436-459.

[118] Park H S, Shin Y, Choi S W, et al. An integrative structural health monitoring system for the local/global responses of a large-scale irregular building under construction[J]. Sensors, 2013, 13(7): 9085-9103.

[119] 杨燕. 建筑施工管理中 BIM 技术应用研究[J]. 湖北农机化, 2019, 13:107-108.

[120] Tran NNT, Pham H L. 4D-BIM Workspace Conflict Detection for Occupational Management:A Case Study for Basement Construction Using Bottom Up Method[C]//Proceedings of the 2020 4th International Conference on E-Education, E-Business, and E-Technology, 2020:72-77.

[121] Alameri A, Alhammadi ASM, Memon A H, et al. Assessing the Risk Level of the Challenges Faced In Construction Projects[J]. Engineering Technology & Applied Science Research, 2021, 11(3): 7152-7157.

[122] Jones W, Gibb A, Haslam R, et al. Work-related ill-health in construction:The importance of scope, ownership and understanding[J]. Safety Science, 2019, 120:538-550.

[123] 徐守冀, 马维珍. 建筑工程项目危机管理的研究与探讨[J]. 兰州交通大学学报, 2004, 23(4): 27-30.

[124] Ruttenberg R, Raynor P C, Tobey S, et al. Perception of impact of frequent short training as an enhancement of annual refresher training[J]. NEW SOLUTIONS:A Journal of Environmental and Occupational Health Policy, 2020, 30(2):102-110.

[125] De Miguel A, Díez D. Collaborative emergency preparedness:A design model to support collective intelligence in emergency drills[C]//Proceedings of the 2015 10th Iberian Conference on Information Systems and Technologies (CISTI), IEEE, 2015:1-6.

[126] Gwynne S, Amos M, Kinateder M, et al. The future of evacuation drills:Assessing and enhancing evacuee performance[J]. Safety Science, 2020, 129:104767.

[127] Francini M, Artese S, Gaudio S, et al. To support urban emergency planning:A GIS instrument for the choice of optimal routes based on seismic hazards[J]. International Journal of Disaster Risk Reduction, 2018, 31:121-134.

[128] Yang J, Yang J. Environmental emergency response plan[J]. Environmental Management in Mega Construction Projects, 2017:275-283.

[129] Chenya L, Aminudin E, Mohd S, et al. Intelligent risk management in construction projects:Systematic Literature Review[J]. IEEE Access, 2022, 10:72936-72954.

[130] Pan Y, Zhang L. Roles of artificial intelligence in construction engineering and management:A critical review and future trends[J]. Automation in Construction, 2021, 122:103517.

[131] 刘占省, 吴震东. 基于数字孪生的装配式建筑构件安装智能化管理模型研究[J]. 施工技术(中英文), 2022, 51(11):54-60.

[132] Hajirasouli A, Banihashemi S, Drogemuller R, et al. Augmented reality in design and construction: Thematic analysis and conceptual frameworks[J]. Construction Innovation, 2022, 22(3):412-443.

[133] Fan B, Liu R, Huang K, et al. Embeddedness in cross-agency collaboration and emergency management capability:Evidence from Shanghai's urban contingency plans[J]. Government Information

Quarterly, 2019, 36(4):101395.

[134] Loosemore M, Higgon D, Osborne J. Managing new social procurement imperatives in the Australian construction industry[J]. Engineering Construction and Architectural Management, 2020, 27(10): 3075-3093.

[135] Succar B, Poirier E. Lifecycle information transformation and exchange for delivering and managing digital and physical assets[J]. Automation in Construction, 2020, 112:103090.

[136] Mabelo PB. Application of systems engineering concepts to enhance project lifecycle methodologies[J]. South African Journal of Industrial Engineering, 2017, 28(3):40-55.

[137] Shafiq M T, Afzal M. Potential of virtual design construction technologies to improve job-site safety in gulf corporation council[J]. Sustainability, 2020, 12(9):3826.

[138] Wang X, He N, Li X. Social network analysis of the Construction Community in the anti-epidemic emergency project:A case study of Wuhan Huoshenshan Hospital China[J]. Engineering Construction and Architectural Management, 2023, 30(8):3539-3561.

[139] Staykova G, Underwood J. Assessing collaborative performance on construction projects through knowledge exchange:A UK rail strategic alliance case study[J]. Engineering Construction and Architectural Management, 2017, 24(6):968-987.

[140] Ai C, Hou H, Li Y, et al. Authentic delay bounded event detection in heterogeneous wireless sensor networks[J]. Ad Hoc Networks, 2009, 7(3):599-613.

[141] Vu C T, Beyah R, Li Y. Composite Event Detection in Wireless Sensor Networks[J]. IEEE International Performance Computing and Communications Conference, 2007:264-271.

[142] Li N, Sun M, Bi Z, et al. A new methodology to support group decision-making for IoT-based emergency response systems[J]. Information Systems Frontiers, 2014, 16(5):953-977.

[143] Petrenj B, Lettieri E, Trucco P. Information sharing and collaboration for critical infrastructure resilience-a comprehensive review on barriers and emerging capabilities[J]. International Journal of Critical Infrastructures, 2013, 9(4):304-329.

[144] Stute M, Kohnhäuser F, Baumgärtner L, et al. RESCUE:A Resilient and Secure Device-to-Device Communication Framework for Emergencies[J]. IEEE Transactions on Dependable and Secure Computing, 2020, 19:1722-1734.

[145] 张迈. 可靠性管理视阈下的企业安全风险管控策略[J]. 社会科学前言, 2018, 7:206-209.

[146] 王禹杰, 高雪垠. 基于 BIM 的建筑供应链信息模型构建[J]. 社会科学前言, 2016, 5:702-707.

[147] Rajalakshmi K. A Predictive Analytics on Structural Design and Construction Engineering (SDCE) to Enhance the Global Quality using Big Data[J]. International Journal of Management Technology And Engineering, 2019, 9:1564-1572.

[148] Meng Q, Peng Q, Li Z, et al. Big Data Technology in Construction Safety Management:Application Status, Trend and Challenge[J]. Buildings, 2022, 12(5):533-551.

[149] Zhao C J, Jia H, Gao R, et al. Safety Risk Management System in Electric Power Engineering Construction under the Background of Big Data[C]. 2021 International Conference on Artificial Intelligence, Big Data and Algorithms (CAIBDA), IEEE, 2021:166-170.

[150] Cai Z, Yan J. Research and Application of Identification Method for Production and Shutdown Status of High-Risk Enterprises Based on Power Big Data[C]// 2022 2nd International Conference on Electronic Information Technology and Smart Agriculture (ICEITSA), IEEE, 2022:1-6.

[151] Kostyunina T. Classification of operational risks in construction companies on the basis of big data[C]//

MATEC Web of Conferences, EDP Sciences, 2018, 193:05072.

[152] Yi X, Wu J. Research on safety management of construction engineering personnel under "big data+ artificial intelligence"[J]. Open Journal of Business and Management, 2020, 8(3):1059-1075.

[153] Lu Y, Zhang J. Bibliometric analysis and critical review of the research on big data in the construction industry[J]. Engineering Construction and Architectural Management, 2022, 29(9):3574-3592.

[154] Munawar H S, Ullah F, Qayyum S, et al. Big data in construction: current applications and future opportunities[J]. Big Data and Cognitive Computing, 2022, 6(1):18-44.

[155] Sha Y, Li M, Xu H, et al. Smart city public safety intelligent early warning and detection[J]. Scientific Programming, 2022:2022.

[156] Liang Y, Liu Q. Early warning and real-time control of construction safety risk of underground engineering based on building information modeling and internet of things[J]. Neural Computing and Applications, 2022:1-10.

[157] Wu Y, Lu P. Comparative analysis and evaluation of bridge construction risk with multiple intelligent algorithms[J]. Mathematical Problems in Engineering, 2022:2022.

[158] Zhang Y. Safety management of civil engineering construction based on artificial intelligence and machine vision technology[J]. Advances in Civil Engineering, 2021:2021.

[159] Luo C, Wu Y, Li S, et al. Application of Artificial Intelligence in Mechanized Construction of Power Grid Engineering[C]//2022 4th World Symposium on Artificial Intelligence (WSAI), IEEE, 2022: 9-13.

[160] Cao Y, Zandi Y, Agdas A, et al. A review study of application of artificial intelligence in construction management and composite beams[J]. Steel and Composite Structures, 2021, 39:685.

[161] Akinlolu M, Haupt T C, Edwards D J, et al. A bibliometric review of the status and emerging research trends in construction safety management technologies [J]. International Journal of Construction Management, 2022, 22(14):2699-2711.

[162] Chenya L, Aminudin E, Mohd S, et al. Intelligent risk management in construction projects: Systematic Literature Review[J]. IEEE Access, 2022, 10:72936-72954.

[163] Azzouz A, Papadonikolaki E. Boundary-spanning for managing digital innovation in the AEC sector[J]. Architectural Engineering and Design Management, 2020, 16(5):356-373.

[164] Akanmu A A, Anumba C J, Ogunseiju O O. Towards next generation cyber-physical systems and digital twins for construction[J]. Journal of Information Technology in Construction, 2021, 26:505-525.

[165] Zhao L D, Kong Q. Based on knowledge management of inter-city emergency management collaboration mechanism research[J]. Soft Science, 2009, 23(6):33-37.

[166] Simona T, Taupo T, Antunes P. A Scoping Review on Agency Collaboration in Emergency Management Based on the 3C Model[J]. Information Systems Frontiers, 2021:1-12.

[167] Papadonikolaki E, Van Oel C, Kagioglou M. Organising and Managing boundaries: A structurational view of collaboration with Building Information Modelling (BIM)[J]. International journal of project management, 2019, 37(3):378-394.

[168] Wang H, Sun J, Shi Y, et al. Driving the effectiveness of public health emergency management strategies through cross-departmental collaboration: Configuration analysis based on 15 cities in China [J]. Frontiers in public health, 2022, 10:1032576.

[169] Tian Y, Pang X, Su Y, et al. Cross-departmental collaboration approach for earthquake emergency response based on synchronous intersection between traditional and logical petri nets[J]. Electronics, 2023, 12(5):1207.